中国地质调查成果 CGS 2017-055
内蒙古自治区矿产资源潜力评价成果系列丛书

内蒙古自治区
萤石矿资源潜力评价

NEIMENGGU ZIZHIQU YINGSHIKUANG ZIYUAN QIANLI PINGJIA

孙月君　赖　波　刘和军　等著

图书在版编目(CIP)数据

内蒙古自治区萤石矿资源潜力评价/孙月君等著. —武汉：中国地质大学出版社,2018.7
(内蒙古自治区矿产资源潜力评价成果系列丛书)
ISBN 978-7-5625-4324-4

Ⅰ.①内…
Ⅱ.①孙…
Ⅲ.①萤石矿床-资源潜力-资源评价-内蒙古
Ⅳ.①P619.210.1

中国版本图书馆 CIP 数据核字(2018)第 151516 号

内蒙古自治区萤石矿资源潜力评价	孙月君　赖波　刘和军　等著
责任编辑:舒立霞　　选题策划:毕克成　刘桂涛	责任校对:张咏梅

出版发行:中国地质大学出版社(武汉市洪山区鲁磨路388号)	邮编:430074
电　　话:(027)67883511　　传　　真:(027)67883580	E-mail:cbb@cug.edu.cn
经　　销:全国新华书店	Http://cugp.cug.edu.cn

开本:880毫米×1230毫米　1/16	字数:357千字　印张:11　插页:1
版次:2018年7月第1版	印次:2018年7月第1次印刷
印刷:武汉中远印务有限公司	印数:1—900册
ISBN 978-7-5625-4324-4	定价:208.00元

如有印装质量问题请与印刷厂联系调换

《内蒙古自治区矿产资源潜力评价成果》出版编撰委员会

主　　任：张利平

副 主 任：张　宏　赵保胜　高　华

委　　员（按姓氏笔画排列）：

　　于跃生　王文龙　王志刚　王博峰　乌　恩　田　力

　　刘建勋　刘海明　杨文海　杨永宽　李玉洁　李志清

　　辛　盛　宋　华　张　忠　陈志勇　邵和明　邵积东

　　武　文　武　健　赵士宝　赵文涛　莫若平　黄建勋

　　韩雪峰　路宝玲　褚立国

项目负责：许立权　张　彤　陈志勇

总　　编：宋　华　张　宏

副 总 编：许立权　张　彤　陈志勇　赵文涛　苏美霞　吴之理

　　　　　方　曙　任亦萍　张　青　张　浩　贾金富　陈信民

　　　　　孙月君　杨继贤　田　俊　杜　刚　孟令伟

《内蒙古自治区萤石矿资源潜力评价》

主　　编：孙月君

编写人员：孙月君　赖　波　刘和军　郭洪春　王志刚　吴　磊
　　　　　韩雪峰　张　福　刘　剑　刘志明　王　坤　巴福臣
　　　　　燕振云　詹静一　林美春　赵　敏　郑　婷　刘洁宇
　　　　　许立权　张　彤　张　青　苏美霞　任亦萍　张　浩
　　　　　吴之理　方　曙

项目负责单位：中国地质调查局　内蒙古自治区国土资源厅

编　撰　单　位：内蒙古自治区国土资源厅

主　编　单　位：内蒙古自治区地质调查院
　　　　　　　　中化地质矿山总局内蒙古自治区地质勘查院
　　　　　　　　内蒙古自治区国土资源信息院
　　　　　　　　内蒙古自治区国土资源勘查开发院
　　　　　　　　内蒙古自治区地质矿产勘查院
　　　　　　　　内蒙古自治区第十地质矿产勘查开发院

序

2006年,国土资源部为贯彻落实《国务院关于加强地质工作决定》中提出的"积极开展矿产远景调查评价和综合研究,科学评估区域矿产资源潜力,为科学部署矿产资源勘查提供依据"的精神要求,在全国统一部署了"全国矿产资源潜力评价"项目,"内蒙古自治区矿产资源潜力评价"项目是其子项目之一。

"内蒙古自治区矿产资源潜力评价"项目2006年启动,2013年结束,历时8年,由中国地质调查局和内蒙古自治区人民政府共同出资完成。为此,内蒙古自治区国土资源厅专门成立了以厅长为组长的项目领导小组和技术委员会,指导监督内蒙古自治区地质调查院、内蒙古自治区地质矿产勘查开发局、内蒙古自治区煤田地质局以及中化地质矿山总局内蒙古自治区地质勘查院等7家地勘单位的各项工作。我作为自治区聘请的国土资源顾问,全程参与了该项目的实施,亲历了内蒙古自治区新老地质工作者对内蒙古自治区地质工作的认真与执着。他们对内蒙古自治区地质的那种探索和不懈追求精神,给我留下了深刻的印象。

为了完成"内蒙古自治区矿产资源潜力评价"项目,先后有270多名地质工作者参与了这项工作,这是继20世纪80年代完成的《内蒙古自治区地质志》《内蒙古自治区矿产总结》之后集区域地质背景、区域成矿规律研究,物探、化探、自然重砂、遥感综合信息研究以及全区矿产预测、数据库建设之大成的又一巨型重大成果。这是内蒙古自治区国土资源厅高度重视,完整的组织保障和坚实的资金支撑的结果,更是内蒙古自治区地质工作者8年辛勤汗水的结晶。

"内蒙古自治区矿产资源潜力评价"项目共完成各类图件万余幅,建立成果数据库数千个,提交结题报告百余份。以板块构造和大陆动力学理论为指导,建立了内蒙古自治区大地构造构架。研究和探讨了内蒙古自治区大地构造演化及其特征,为全区成矿规律的总结和矿产预测奠定了坚实的地质基础。其中提出了"阿拉善地块"归属华北陆块,乌拉山岩群、集宁岩群的时代及其对孔兹岩系归属的认识、索伦山-西拉木伦河断裂厘定为华北板块与西伯利亚板块的界线等,体现了内蒙古自治区地质工作者对内蒙古自治区大地构造演化和地质背景的新认识。项目对内蒙古自治区煤、铁、铝土矿、铜、铅锌、金、钨、锑、稀土、钼、银、锰、镍、磷、硫、萤石、重晶石、菱镁矿等矿种,划分了矿产预测类型;结合全区重力、磁测、化探、遥感、自然重砂资料的研究应用,分别对其资源潜力进行了科学的潜力评价,预测的资源潜力可信度高。这些数据有力地说明了内蒙古自治区地质找矿潜力巨大，寻找国家急需矿产资源，内蒙古自治区大有可为，成为国家矿产资源的后备基地已具备了坚实的地质基础。同时，也极大地增强了内蒙古自治区地质找矿的信心。

"内蒙古自治区矿产资源潜力评价"是内蒙古自治区第一次大规模对全区重要矿产资源现状及潜力进行摸底评价，不仅汇总整理了原1∶20万相关地质资料，还系统整理补充了近年来1∶5万区域地质调查资料和最新获得的矿产、物化探、遥感等资料。期待着"内蒙古自治区矿产资源潜力评价"项目形成的系统的成果资料在今后的基础地质研究、找矿预测研究、矿产勘查部署、农业土壤污染治理、地质环境治理等诸多方面得到广泛应用。

2017年3月

前　言

为了贯彻落实《国务院关于加强地质工作的决定》中提出的"积极开展矿产远景调查和综合研究,科学评估区域矿产资源潜力,为科学部署矿产资源勘查提供依据"的要求和精神,国土资源部部署了全国矿产资源潜力评价工作,并将该项工作纳入国土资源大调查项目。内蒙古自治区矿产资源潜力评价为该计划项目下的一个工作项目,工作起止年限为2007—2013年。项目由内蒙古自治区国土资源厅负责,承担单位为内蒙古自治区地质调查院,参加单位有内蒙古自治区地质矿产勘查开发局、内蒙古自治区地质矿产勘查院、内蒙古自治区第十地质矿产勘查开发院、内蒙古自治区煤田地质局、内蒙古自治区国土资源信息院、中化地质矿山总局内蒙古自治区地质勘查院6家单位。

项目的目标是全面开展内蒙古自治区重要矿产资源潜力预测评价,在现有地质工作程度的基础上,基本摸清内蒙古自治区重要矿产资源"家底",为矿产资源保障能力和勘查部署决策提供依据。

项目具体任务为:①在现有地质工作程度的基础上,全面总结内蒙古自治区基础地质调查和矿产勘查工作成果与资料,充分应用现代矿产资源预测评价的理论方法和GIS评价技术,开展内蒙古自治区非油气矿产——煤炭、铁、铜、铝、铅、锌、钨、锡、金、锑、稀土、磷、银、铬、锰、镍、钼、硫、萤石、菱镁矿、重晶石等矿产资源潜力预测评价工作,对内蒙古自治区有关矿产资源潜力及其空间分布进行估算预测,为研究制订全区矿产资源战略与国民经济中长期规划提供科学依据。②以成矿地质理论为指导,深入开展内蒙古自治区范围内的区域成矿规律研究,充分利用地质、物探、化探、遥感、自然重砂和矿产勘查等综合成矿信息,圈定成矿远景区和找矿靶区,逐个评价成矿远景区资源潜力,并进行分类排序,编制内蒙古自治区成矿规律与预测图,为科学合理地规划和部署矿产勘查工作提供依据。③建立并不断完善内蒙古自治区重要矿产资源潜力预测相关数据库,特别是成矿远景区的地学空间数据库、典型矿床数据库,为今后开展矿产勘查的规划部署研究奠定扎实的信息基础。

项目共分为3个阶段实施:第一阶段为2007—2011年3月,2008年完成了全区1∶50万地质图数据库、工作程度数据库、矿产地数据库及重力、航磁、化探、遥感、重砂等基础数据库的更新与维护;2008—2009年开展典型示范区研究;2010年3月提交了铁、铝两个单矿种资源潜力评价成果;2010年6月编制完成全区1∶25万标准图幅建造构造图、实际材料图,全区1∶50万、1∶150万物探、化探、遥感及自然重砂基础图件;2010—2011年3月完成了铜、铅、锌、金、钨、锑、稀土、磷及煤等矿种的资源潜力评价工作。

第二阶段为2011—2012年,完成银、铬、锰、镍、锡、钼、硫、萤石、菱镁矿、重晶石10个矿种的资源潜力评价工作及各专题成果报告。

第三阶段为2012年6月—2013年10月,以Ⅲ级成矿区带为单元开展了各专题研究工作,并编写了地质背景、成矿规律、矿产预测、重力、磁法、遥感、自然重砂、综合信息专题报告,在各专题报告的基础上,编写了内蒙古自治区矿产资源潜力评价总体成果报告及工作报告。

内蒙古自治区萤石矿资源潜力评价工作为第二阶段工作,项目下设成矿地质背景,成矿规律,矿产预测,物探、化探、遥感应用,综合信息集成5个课题,各课题完成实物工作量见表1。

内蒙古自治区国土资源厅张宏总工程师、内蒙古自治区地质调查院邵积东总工程师对项目进行了多次指导,全国项目办化工矿产组王炳铨、姜树叶、袁从建、姚超美、熊先孝、连卫等专家对成果报告提出了宝贵的修改意见和建议,在此致以诚挚的感谢!

表 1 内蒙古自治区萤石矿资源潜力评价各课题完成实物工作量统计表

课题名称		工作内容	单位	数量
成矿地质背景		预测区图件	幅	34
		说明书	份	34
成矿规律		全区性图件	幅	2
		典型矿床图件	幅	6
		预测工作区图件	幅	34
		内蒙古自治区萤石矿成矿规律报告	份	1
矿产预测		全区性图件	幅	2
		典型矿床图件	幅	8
		预测工作区图件	幅	34
		内蒙古自治区萤石矿预测报告	份	1
物探、化探、遥感	重力	典型矿床图件	幅	6
		预测工作区图件	幅	51
		全区性图件	幅	4
		内蒙古自治区萤石矿重力资料应用成果报告	份	1
	化探	典型矿床图件	幅	6
		预测工作区图件	幅	34
		全区性图件	幅	8
		内蒙古自治区萤石矿化探资料应用成果报告	份	1
	遥感	典型矿床图件	幅	6
		预测工作区图件	幅	51
		内蒙古自治区萤石矿遥感资料应用成果报告	份	1
综合信息集成		各专题数据库	个	486
内蒙古自治区萤石矿资源潜力评价成果报告			份	1

著者

2018 年 1 月

目 录

第一章 内蒙古自治区萤石矿资源概况 ………………………………………………………………… (1)
 一、时空分布规律 ……………………………………………………………………………………… (1)
 二、成矿作用演化规律 ………………………………………………………………………………… (2)
 三、内蒙古自治区萤石矿成矿系列 …………………………………………………………………… (2)

第二章 内蒙古自治区萤石矿床类型 …………………………………………………………………… (6)
 第一节 萤石矿床成因类型及成矿特征 ……………………………………………………………… (6)
  一、沉积改造型萤石矿 ………………………………………………………………………………… (6)
  二、热液充填型萤石矿 ………………………………………………………………………………… (6)
  三、伴生型萤石矿 ……………………………………………………………………………………… (7)
 第二节 预测类型及预测工作区划分 ………………………………………………………………… (7)

第三章 内蒙古自治区萤石矿成矿地质背景研究 …………………………………………………… (9)
 第一节 技术流程 ……………………………………………………………………………………… (9)
 第二节 建造构造特征 ………………………………………………………………………………… (9)
 第三节 大地构造特征 ………………………………………………………………………………… (14)
  一、大地构造单元划分 ………………………………………………………………………………… (14)
  二、预测工作区大地构造特征 ………………………………………………………………………… (14)

第四章 内蒙古自治区萤石矿典型矿床特征 ………………………………………………………… (21)
 第一节 典型矿床特征 ………………………………………………………………………………… (21)
  一、典型矿床研究技术流程 …………………………………………………………………………… (21)
  二、典型矿床选取 ……………………………………………………………………………………… (22)
  三、典型矿床特征 ……………………………………………………………………………………… (22)
  四、典型矿床成矿要素 ………………………………………………………………………………… (25)
  五、典型矿床成矿模式 ………………………………………………………………………………… (29)
 第二节 地球物理特征 ………………………………………………………………………………… (38)
  一、苏莫查干敖包-敖包吐预测工作区 ……………………………………………………………… (38)
  二、神螺山预测工作区 ………………………………………………………………………………… (39)
  三、东七一山预测工作区 ……………………………………………………………………………… (39)
  四、哈布达哈拉-恩格勒预测工作区 ………………………………………………………………… (42)
  五、库伦敖包-刘满壕预测工作区 …………………………………………………………………… (45)

六、黑沙图-乌兰布拉格预测工作区 ……………………………………………………………（46）
　　七、白音脑包-赛乌苏预测工作区 …………………………………………………………（47）
　　八、白彦敖包-石匠山预测工作区 …………………………………………………………（47）
　　九、东井子-太仆寺东郊预测工作区 ………………………………………………………（48）
　　十、跃进预测工作区 …………………………………………………………………………（49）
　　十一、苏达勒-乌兰哈达预测工作区 ………………………………………………………（50）
　　十二、大西沟-桃海预测工作区 ……………………………………………………………（50）
　　十三、白杖子-陈道沟预测工作区 …………………………………………………………（51）
　　十四、昆库力-旺石山预测工作区 …………………………………………………………（52）
　　十五、哈达汗-诺敏山预测工作区 …………………………………………………………（52）
　　十六、协林-六合屯预测工作区 ……………………………………………………………（53）
　　十七、白音锡勒牧场-水头预测工作区 ……………………………………………………（53）

　第三节　地球化学特征 …………………………………………………………………………（55）
　　一、苏莫查干敖包-敖包吐预测工作区 ……………………………………………………（55）
　　二、神螺山预测工作区 ………………………………………………………………………（55）
　　三、东七一山预测工作区 ……………………………………………………………………（56）
　　四、哈布达哈拉-恩格勒预测工作区 ………………………………………………………（56）
　　五、库伦敖包-刘满壕预测工作区 …………………………………………………………（57）
　　六、黑沙图-乌兰布拉格预测工作区 ………………………………………………………（57）
　　七、白音脑包-赛乌苏预测工作区 …………………………………………………………（57）
　　八、白彦敖包-石匠山预测工作区 …………………………………………………………（58）
　　九、东井子-太仆寺东郊预测工作区 ………………………………………………………（58）
　　十、跃进预测工作区 …………………………………………………………………………（58）
　　十一、苏达勒-乌兰哈达预测工作区 ………………………………………………………（59）
　　十二、热液充填型萤石矿大西沟-桃海预测工作区 ………………………………………（59）
　　十三、白杖子-陈道沟预测工作区 …………………………………………………………（60）
　　十四、昆库力-旺石山预测工作区 …………………………………………………………（60）
　　十五、哈达汗-诺敏山预测工作区 …………………………………………………………（60）
　　十六、协林-六合屯预测工作区 ……………………………………………………………（60）
　　十七、白音锡勒牧场-水头预测工作区 ……………………………………………………（61）

　第四节　区域成矿模式 …………………………………………………………………………（61）
　　一、苏莫查干敖包-敖包吐预测工作区成矿模式 …………………………………………（61）
　　二、神螺山预测工作区成矿模式 …………………………………………………………（63）

三、东七一山预测工作区成矿模式 ……………………………………………………… (65)

　　四、哈布达哈拉-恩格勒预测工作区成矿模式 …………………………………………… (66)

　　五、库伦敖包-刘满壕预测工作区成矿模式 ……………………………………………… (67)

　　六、黑沙图-乌兰布拉格预测工作区成矿模式 …………………………………………… (69)

　　七、白音脑包-赛乌苏预测工作区成矿模式 ……………………………………………… (69)

　　八、白彦敖包-石匠山预测工作区成矿模式 ……………………………………………… (72)

　　九、东井子-太仆寺东郊预测工作区成矿模式 …………………………………………… (74)

　　十、跃进预测工作区成矿模式 …………………………………………………………… (76)

　　十一、苏达勒-乌兰哈达预测工作区成矿模式 …………………………………………… (78)

　　十二、大西沟-桃海预测工作区成矿模式 ………………………………………………… (80)

　　十三、白杖子-陈道沟预测工作区成矿模式 ……………………………………………… (81)

　　十四、昆库力-旺石山预测工作区成矿模式 ……………………………………………… (82)

　　十五、哈达汗-诺敏山预测工作区成矿模式 ……………………………………………… (85)

　　十六、协林-六合屯预测工作区成矿模式 ………………………………………………… (86)

　　十七、白音锡勒牧场-水头预测工作区成矿模式 ………………………………………… (87)

第五章　内蒙古自治区萤石矿预测成果 ………………………………………………………… (89)

　第一节　预测方法类型及预测模型区选择 …………………………………………………… (89)

　　一、预测方法类型选择 …………………………………………………………………… (89)

　　二、预测模型区选择 ……………………………………………………………………… (90)

　第二节　预测模型与预测要素 ………………………………………………………………… (90)

　　一、苏莫查干敖包-敖包吐预测工作区 …………………………………………………… (90)

　　二、东七一山预测工作区 ………………………………………………………………… (97)

　　三、哈布达哈拉-恩格勒预测工作区 ……………………………………………………… (104)

　　四、苏达勒-乌兰哈达预测工作区 ………………………………………………………… (108)

　　五、大西沟-桃海预测工作区 ……………………………………………………………… (116)

　　六、昆库力-旺石山预测工作区 …………………………………………………………… (123)

　第三节　预测区圈定 …………………………………………………………………………… (130)

　　一、预测区圈定方法及原则 ……………………………………………………………… (130)

　　二、预测区圈定 …………………………………………………………………………… (130)

　第四节　最小预测区优选 ……………………………………………………………………… (131)

　　一、预测要素应用及变量确定 …………………………………………………………… (131)

　　二、最小预测区评述 ……………………………………………………………………… (131)

　第五节　预测成果 ……………………………………………………………………………… (131)

一、模型区含矿系数确定 …………………………………………………………………………… (133)

　　二、最小预测区预测资源量 ………………………………………………………………………… (133)

第六章　内蒙古自治区萤石矿资源潜力分析 ………………………………………………………… (146)

　第一节　萤石矿预测资源量与资源现状对比 ………………………………………………………… (146)

　第二节　预测资源量潜力分析 ………………………………………………………………………… (146)

　第三节　勘查部署建议 ………………………………………………………………………………… (149)

　　一、部署原则 ………………………………………………………………………………………… (149)

　　二、主攻矿床类型 …………………………………………………………………………………… (149)

　　三、找矿远景区工作部署建议 ……………………………………………………………………… (149)

　第四节　开发基地划分 ………………………………………………………………………………… (153)

　　一、开发基地划分原则 ……………………………………………………………………………… (153)

　　二、开发基地划分及产能预测 ……………………………………………………………………… (153)

第七章　结　论 …………………………………………………………………………………………… (160)

　　一、主要成果 ………………………………………………………………………………………… (160)

　　二、质量评述 ………………………………………………………………………………………… (160)

　　三、存在问题 ………………………………………………………………………………………… (160)

主要参考文献 …………………………………………………………………………………………… (161)

第一章　内蒙古自治区萤石矿资源概况

截至2009年底,内蒙古自治区萤石矿上表(指内蒙古自治区矿产资源储量表,2009年,下同)矿产地28处,均为萤石单矿种。全区累计查明萤石矿资源储量$3347.80×10^4$t(萤石矿物量$1892.78×10^4$t);其中,基础储量$960.82×10^4$t,资源量$2386.98×10^4$t,基础储量和资源量分别占全区查明资源量的28.7%和71.3%。全区保有资源储量$2924.90×10^4$t(萤石矿物量$1607.57×10^4$t),居全国第二位。其中,基础储量$1055.10×10^4$t,资源量$1869.80×10^4$t,基础储量和资源量分别占全区保有资源总量的36.1%和63.9%。

在全区28处萤石矿产地中,查明资源储量规模达大型的有3处,保有资源储量$2555×10^4$t;达中型的有4处,保有资源储量$221×10^4$t。大中型矿产地数量占全区萤石矿产地的25%,保有资源储量占全区保有资源储量的94.9%。

内蒙古自治区除呼和浩特市、乌海市和鄂尔多斯市尚无查明的萤石矿产地外,其他9个盟市均有萤石资源分布,但主要分布在乌兰察布市(主要有四子王旗苏莫查干敖包超大型萤石矿床),其保有资源储量占全区的69.7%。

一、时空分布规律

内蒙古自治区萤石矿分布广泛,至2009年,全区已探明资源储量的萤石矿床28个,其中大型矿床3个,中型4个,均为单一萤石矿床。空间上,大、中型萤石矿床主要分布在四子王旗、额济纳旗—阿拉善左旗、达茂旗—锡林浩特3个地区。时间上,全区萤石矿成矿时代主要为中元古代、二叠纪、三叠纪和侏罗纪,中元古代形成的萤石矿(伴生型)仅分布在白云鄂博矿区,二叠纪至侏罗纪形成的萤石矿床主要分布在华北陆块北缘西段。各类型萤石矿成矿时空演化见表1-1和图1-1。

表1-1　内蒙古自治区萤石矿主要成矿时代演化一览表

成矿时代	矿床类型		沉积改造型萤石矿	热液充填型萤石矿	伴生型萤石矿
新生代	第四纪	喜马拉雅期			
	古近纪+新近纪				
中生代	白垩纪	燕山期		+	
	侏罗纪			+++	
	三叠纪	印支期		++	
古生代	二叠纪	海西期	+++	++	
	石炭纪			+	
	泥盆纪				

续表 1-1

成矿时代		矿床类型	沉积改造型萤石矿	热液充填型萤石矿	伴生型萤石矿
古生代	志留纪	加里东期		+	
	奥陶纪				
	寒武纪				
元古宙	新元古代				
	中元古代				+++
	古元古代				
太古宙	新太古代				
	中太古代				
	古太古代				

注：+++为重要成矿时代，++为较重要成矿时代，+为次要成矿时代。

二、成矿作用演化规律

1. 沉积改造型萤石矿成矿作用演化规律

海西晚期，火山喷发和沉积作用形成有中二叠统大石寨组火山-沉积岩地层，而且还产出有纹层状和条带状萤石集合体以及富萤石块体（矿胚）。燕山期的区域性大断裂活动致使中酸性岩浆活动，是矿床改造的主要动力，并且，花岗岩的发展贯穿于矿床改造的整个过程，改造作用是在基本封闭的条件下进行的，被岩浆作用直接和间接加热了的地下卤水（雨水和部分原生水）在高温-气液（可能有少量岩浆水的加入）条件下，通过渗滤作用对沉积萤石矿进行原地改造，使矿石矿物重新结晶成矿。然而在受到岩浆活动作用再次成矿之后，在矿石中仍可见有保存完好的原始沉积特征，即使在受到强烈改造的苏莫查干萤石矿中，也见有残留的没有受到任何改造痕迹的沉积矿石。

2. 热液充填型萤石矿成矿作用演化规律

区域性大断裂构造引起岩浆活作用，岩浆结晶分异过程中产生的含矿热水经运移或淋滤花岗岩体内部的分散物质，在构造运动晚期于岩体的内部或内外接触带，经充填和交代作用形成矿床。此类矿床一般形成高温蚀变产物，但是在岩浆分异的晚期阶段，岩浆热液上涌于地温梯度逐渐降低的部位，往往形成低温或中—低温的岩浆热液矿床。受构造因素影响，矿体往往呈脉状、透镜状，围岩蚀变常出现高岭土化以及硅化等低温蚀变产物，这也是此类矿床的重要找矿标志。

3. 白云鄂博伴生萤石矿成矿作用演化规律

该矿床受到白云石碳酸岩控制，呈东西向分布于宽沟北斜南翼，岩体顺层侵入于中元古代白云鄂博群哈拉霍疙特岩组中，其展布方向与地层走向基本一致，局部略有斜交，接触面外倾。围岩蚀变强烈，具有黑云母化、角岩化、碳酸盐化、钠长石化、萤石矿等。萤石随铁矿从富至贫而增加，与稀土则有同步消长趋势。

三、内蒙古自治区萤石矿成矿系列

通过对内蒙古自治区已知萤石矿床的成矿规律进行总结，初步划分全区萤石矿成矿系列，见表1-2。

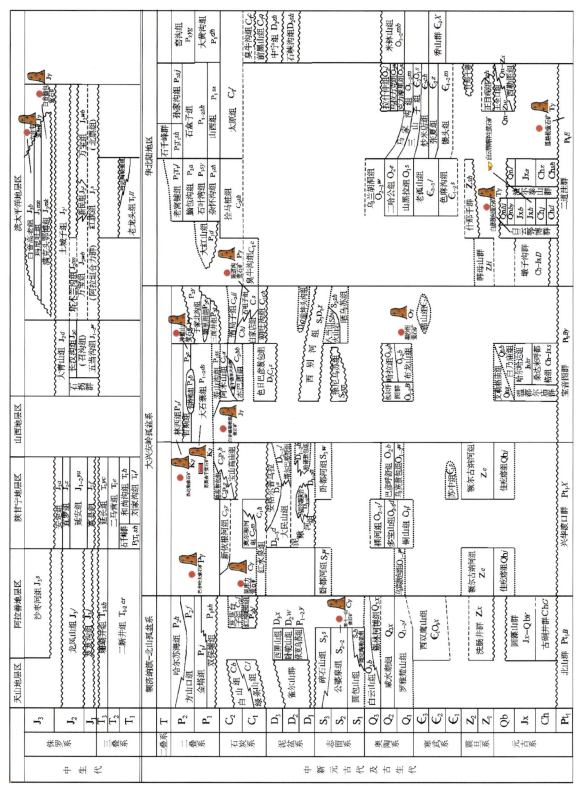

图 1-1 内蒙古自治区萤石矿时空演化示意图

表 1-2 内蒙古自治区萤石矿成矿系列初步划分方案

矿产地名	矿床规模	成矿系列		成矿亚系列	
黑沙图	中型矿床	Pz1-3	天山-北山与加里东旋回岩浆-沉积作用有关的 P、V、U、Cu、Mn、重晶石、硫铁矿、Au、Mo、Pb、Zn、Fe、萤石、稀有金属、W、Sn 矿成矿系列	Pz1-3-4	与加里东后期幔源基性超基性岩有关 Cu、Ni 硫化物矿床成矿亚系列
跃进	中型矿床	Pz2-10	兴安岭-张广才岭-太平岭与海西旋回岩浆-沉积作用有关的 Cu、Cr、Fe、Ti、Mo、Au、Ag、Be水晶、石墨、碳酸盐岩、陶粒页岩、煤矿成矿系列-岩浆成矿系列	Pz2-10-5	与海西晚期花岗岩有关石墨矿床成矿亚系列
石匠山	小型矿床	Pz2-9	华北地台北缘与海西旋回构造-岩浆作用有关的 Au、Cu、Fe、Cr、Ni、V、Ti、Fe、REE、P、萤石、膨润土矿成矿系列	Pz2-9-4	与中晚期中酸性侵入岩-火山岩有关的 Au、Cu、萤石、膨润土矿床成矿亚系列
达盖滩	小型矿床	Pz2-9	华北地台北缘与海西旋回构造-岩浆作用有关的 Au、Cu、Fe、Cr、Ni、V、Ti、Fe、REE、P、萤石、膨润土矿成矿系列	Pz2-9-4	与中晚期中酸性侵入岩-火山岩有关的 Au、Cu、萤石、膨润土矿床成矿亚系列
白音锡勒牧场	中型矿床	Mz2-29	大兴安岭中酸性侵入岩-喷出岩-碱性侵入岩有关的 Cu、Mo、Ag、Pb、Zn、Sn、W、Fe、S、稀有金属、REE 矿床成矿系列	Mz2-29-3	炭泉与燕山期花岗岩类有关的稀有金属 Li、Be、Nb、Ta、Rb、Cs、稀有、白云母、Au、W 矿床成矿亚系列
水头	小型矿床	Mz2-29	大兴安岭中酸性侵入岩-喷出岩-碱性侵入岩有关的 Cu、Mo、Ag、Pb、Zn、Sn、W、Fe、S、稀有金属、REE 矿床成矿系列	Mz2-29-3	炭泉与燕山期花岗岩类有关的稀有金属 Li、Be、Nb、Ta、Rb、Cs、稀有、白云母、Au、W 矿床成矿亚系列
大仆寺东郊	小型矿床	MZ-1	阿尔泰与印支期-燕山期造山期后与碱长-偏碱性岩浆作用有关的稀有金属、白云母、宝石、贵金属、有色金属矿床成矿系列	Mz-1-2	北山期燕山期 Au、Cu、Mo、Pb、Zn 矿床
白音脑包	中型矿床	Mz-2	天山-北山与印支期-燕山期花岗质岩浆-喷出岩系列-沉积成矿系列	Mz-2-1	北山地台燕山期 Au、Cu、Mo、Pb、Zn 矿
西里庙	中型矿床	Pz2-9	华北地台北缘与海西旋回构造-岩浆作用有关的 Au、Cu、Fe、Cr、Ni、V、Ti、Fe、REE、P、萤石、膨润土矿成矿系列-沉积成矿系列	Pz2-9-4	与中晚期中酸性侵入岩-火山岩有关的 Au、Cu、萤石、膨润土矿床成矿亚系列
北敖包吐	中型矿床	Pz2-9	华北地台北缘与海西旋回构造-岩浆作用有关的 Au、Cu、Fe、Cr、Ni、V、Ti、Fe、REE、P、萤石、膨润土矿成矿系列-沉积成矿系列	Pz2-9-4	与中晚期中酸性侵入岩-火山岩有关的 Au、Cu、萤石、膨润土矿床成矿亚系列
苏莫查干敖包	特大型矿床	Pz2-9	华北地台北缘与海西旋回构造-岩浆作用有关的 Au、Cu、Fe、Cr、Ni、V、Ti、Fe、REE、P、萤石、膨润土矿成矿系列-沉积成矿系列	Pz2-9-4	与中晚期中酸性侵入岩-火山岩有关的 Au、Cu、萤石、膨润土矿床成矿亚系列
六合屯	小型矿床	Mz2-29	大兴安岭与燕山期中酸性侵入岩-喷出岩有关的 Cu、Mo、Ag、Pb、Zn、Sn、W、Fe、S、稀有金属、REE 矿床成矿系列	Mz2-29-3	炭泉与燕山期中酸性侵入岩-火山岩有关的 Au、Cu、Ag、Pb、Zn、Sn、稀有金属、REE 矿床成矿亚系列

续表 1-2

矿产地名	矿床规模	成矿系列		成矿亚系列	
苏达勒	小型矿床	Mz-2	天山-北山与印支期-燕山期花岗质岩浆作用有关的 Au,Cu,Mo,Pb,Zn 矿床成矿系列	Mz-2-1	北山燕山期 Au,Cu,Pb,Zn 矿床成矿亚系列
富裕屯	小型矿床	Mz-2	天山-北山与印支期-燕山期花岗质岩浆作用有关的 Au,Cu,Mo,Pb,Zn 矿床成矿系列	Mz-2-1	北山燕山期 Au,Cu,Pb,Zn 矿床成矿亚系列
恩格勒	小型矿床	MZ-1	阿尔泰与印支期-燕山期造山期后与碱长-偏碱性岩浆作用有关的稀有金属,白云母,宝石,贵金属,有色金属矿床成矿系列	Mz-1-1	与印支期花岗岩有关的 Nb,Ta,Cs,Be,白云母矿床成矿亚系列
哈布达哈拉	中型矿床	MZ-1	阿尔泰与印支期-燕山期造山期后与碱长-偏碱性岩浆作用有关的稀有金属,白云母,宝石,贵金属,有色金属矿床成矿系列	Mz-1-1	与印支期花岗岩有关的 Nb,Ta,Cs,Be,白云母矿床成矿亚系列
东七一山	中型矿床	Pz2-9	华北地台北缘与海西西旋回构造-岩浆作用有关的 Au,Cu,Fe,Cr,Ni,V,Ti,Fe,REE,P,萤石,膨润土矿床成矿系列	Pz2-9-4	与中晚期中酸性侵入岩-火山岩有关的 Au,Cu,萤石,膨润土矿床成矿亚系列
神螺山	小型矿床	Pz2-3	准噶尔与海西中期造山期二长花岗岩,钾长花岗岩,水晶矿床成矿系列	Pz2-3-6	西准噶尔与海西中期二长花岗,钾长花岗岩有关的 Au,Sn,Mn,宝石,水晶矿床成矿亚系列
东方红	中型矿床	Pz2-9	华北地台北缘与海西西旋回构造-岩浆作用有关的 Au,Cu,Fe,Cr,Ni,V,Ti,Fe,REE,P,萤石,膨润土矿床成矿系列	Pz2-9-4	与中晚期中酸性侵入岩-火山岩有关的 Au,Cu,萤石,膨润土矿床成矿亚系列
旺石山	小型矿床	Pz2-9	华北地台北缘与海西西旋回构造-岩浆作用有关的 Au,Cu,Fe,Cr,Ni,V,Ti,Fe,REE,P,萤石,膨润土矿床成矿系列	Pz2-9-4	与中晚期中酸性侵入岩-火山岩有关的 Au,Cu,萤石,膨润土矿床成矿亚系列
昆库力	小型矿床	Pz2-9	华北地台北缘与海西西旋回构造-岩浆作用有关的 Au,Cu,Fe,Cr,Ni,V,Ti,Fe,REE,P,萤石,膨润土矿床成矿系列	Pz2-9-4	与中晚期中酸性侵入岩-火山岩有关的 Au,Cu,萤石,膨润土矿床成矿亚系列
大西沟	中型矿床	Mz2-33	华北地台北缘与燕山期中酸性岩浆活动有关的 Au,Ag,Pb,Zn,Mo 矿床成矿系列(早→晚,西→东,喷源→侵入→喷发)	Mz2-33-6	桓仁-通化与燕山期中酸性侵入岩-火山岩有关的 Cu,Au,Pb,Zn,萤石,膨润土矿床成矿亚系列
白杖子	小型矿床	Pz2-9	华北地台北缘与海西西旋回构造-岩浆作用有关的 Au,Cu,Fe,Cr,Ni,V,Ti,Fe,REE,P,萤石,膨润土矿床成矿系列	Pz2-9-4	与中晚期中酸性侵入岩-火山岩有关的 Au,Cu,萤石,膨润土矿床成矿亚系列
白云鄂博	特大型矿床	Pt2-2	华北地台西部中元古代陷拉张环境火山-沉积变质改造作用有关 Fe,Cu,Pb,Zn,REE,稀有金属,Au,硫铁矿矿床成矿系列-沉积成矿系列	Pt2-2-1	狼山-白云鄂博裂谷带与海相火山-沉积变质作用有关 Fe,REE,稀有金属,Pb,Zn,硫铁矿矿床成矿亚系列

第二章　内蒙古自治区萤石矿床类型

第一节　萤石矿床成因类型及成矿特征

内蒙古自治区的萤石矿床,总体上大、中型矿床数量较少,大中型矿产地数量占全区萤石矿产地的25%,保有资源储量占全区保有资源储量的94.9%。矿床的分布从地域上来看不是很集中,自最西端额济纳旗至东部鄂伦春自治旗,南起阿拉善盟北至额尔古纳市均发现有不同规模的萤石矿床、矿(化)点。区内萤石矿床成因类型主要有沉积改造型、热液充填型、伴生型萤石矿3种。

一、沉积改造型萤石矿

沉积改造型萤石矿又称层控热液型萤石矿,又细分为弱改造型、强改造型和彻底改造型3小类。共发现萤石矿矿床、矿点6处,矿化点众多,其中,属沉积弱改造型矿床的只有瑙尔其格萤石矿,属沉积强改造型矿床的有苏莫查干敖包萤石矿、温多尔努如萤石矿,属沉积彻底改造型矿床的有西里庙萤石矿、北敖包吐萤石矿。

该类型萤石矿均形成于二叠系大石寨组内,且多集中于大石寨组第三岩段之底部结晶灰岩层或顶部结晶灰岩透镜体内。

大石寨组所构成的北东向开阔向斜构造控制着区内萤石矿的分布格局,同时其次级的北北东向小褶皱以及北东、北北东和北西向小规模断层往往是强改造、彻底改造型热液萤石矿床的富集场所。

早白垩世似斑状黑云二长花岗岩体的侵入,导致了古地温的升高,在基本封闭的条件下形成了强烈改造萤石矿。其代表矿石类型为糖粒状萤石矿,此时成矿溶液表现了地下热水的特征。但是在岩浆期后阶段,成矿热液表现为岩浆热液和地下热水的特征,并在构造裂隙中形成了伟晶脉状萤石矿。

二、热液充填型萤石矿

该类型矿床是区内分布最广和数量最多的矿床类型,形成时代以印支期—燕山期为主。此类型矿床完全受到中、酸性岩浆岩控制,有些岩浆岩本身便含有萤石矿,花岗岩体是本类型矿床的热源。从萤石矿形成的成矿环境来看,萤石矿的成矿物质来源主要为早期岩浆热液中挥发分物质,并且,多来源于壳源,以及幔源,少部分是壳、幔混合源。另一方面,此类型矿床的矿体形态多呈脉状、透镜状等,这是由于受到断裂构造的制约。断裂构造是该类型矿床形成的主要场所,浅、中深源含对萤石矿有利的挥发分沿着先期由岩浆诱发的大断裂构造侵入,在温度由较高降到较低的时候,富集在岩浆房顶部或贴近岩浆房顶部的侧壁上,挥发组分沿已成岩的孔洞扩散,热液流体侵入断裂缝隙当中形成脉状、透镜状矿体,而矿体形成后的主要形态和断裂构造的走向、产状等基本吻合。

三、伴生型萤石矿

内蒙古自治区内的伴生型萤石矿床仅有白云鄂博萤石矿,为特大型矿床。该矿床主要矿产为铁矿、稀土矿、铌矿,无论是主矿种或是伴生萤石矿,均具有大型规模。

本矿区分为主矿、东矿和西矿,主矿长1250m,宽415m;东矿长1200m,宽315m;西矿由大小不等的18个矿体组成。矿体呈似层状、透镜状。倾向南,倾角60°~70°。

萤石矿化在主矿、东矿强烈发育,主矿尤甚,广泛分布于各类型的矿石中,呈条带状、浸染状。萤石随铁矿从富至贫而增加,与稀土矿则有同步消长趋势。萤石可分为早、晚和表生3个阶段。早期呈浸染状、条带状,分布广泛;晚期呈脉状。早期萤石呈不规则粒状,颗粒较小;晚期颗粒较大,一般为0.03~5mm,细脉中可达1~3cm。颜色多为深浅不同的紫色,少数为灰色和无色。

第二节 预测类型及预测工作区划分

根据《重要矿产预测类型划分方案》(陈毓川等,2010),内蒙古自治区萤石矿共划分出2个矿产预测类型,2个预测方法类型,17个预测工作区,详见表2-1及图2-1。

表2-1 内蒙古自治区萤石矿预测类型及预测方法类型划分一览表

序号	矿产预测类型	预测方法类型	预测工作区
1	沉积改造型	层控内生型	苏莫查干敖包-敖包吐预测工作区
2	热液充填型	侵入岩体型	神螺山预测工作区
3	热液充填型	侵入岩体型	东七一山预测工作区
4	热液充填型	侵入岩体型	哈布达哈拉-恩格勒预测工作区
5	热液充填型	侵入岩体型	库伦敖包-刘满壕预测工作区
6	热液充填型	侵入岩体型	黑沙图-乌兰布拉格预测工作区
7	热液充填型	侵入岩体型	白音脑包-赛乌苏预测工作区
8	热液充填型	侵入岩体型	白彦敖包-石匠山预测工作区
9	热液充填型	侵入岩体型	东井子-太仆寺东郊预测工作区
10	热液充填型	侵入岩体型	跃进预测工作区
11	热液充填型	侵入岩体型	苏达勒-乌兰哈达预测工作区
12	热液充填型	侵入岩体型	大西沟-桃海预测工作区
13	热液充填型	侵入岩体型	白杖子-陈道沟预测工作区
14	热液充填型	侵入岩体型	昆库力-旺石山预测工作区
15	热液充填型	侵入岩体型	哈达汗-诺敏山预测工作区
16	热液充填型	侵入岩体型	协林-六合屯预测工作区
17	热液充填型	侵入岩体型	白音锡勒牧场-水头预测工作区

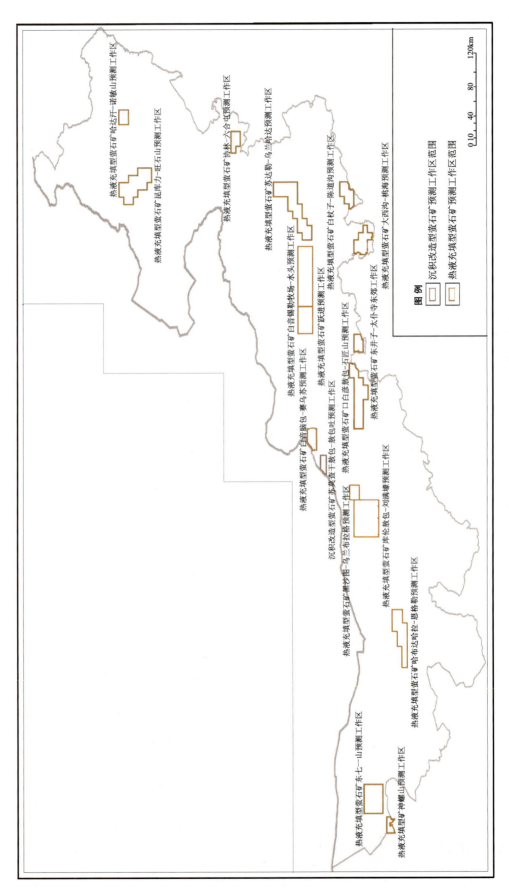

图 2-1 内蒙古自治区萤石矿预测工作区分布图

第三章 内蒙古自治区萤石矿成矿地质背景研究

第一节 技术流程

任何一个矿种的成矿作用,都是受特定的地层、构造和岩浆岩的控制。因此,成矿地质背景研究工作应当在对已有的成矿规律认识的基础上,筛选出与成矿有直接关系的地质因素,在这些相关的地质因素范围内,总结不同矿种的分布规律。成矿地质背景研究工作就是为预测不同矿产服务的,是矿产预测的基础内容和重要途径。成矿地质背景研究工作主要目的是分析矿床形成和分布的地质构造环境,研究成矿地质要素及其含矿岩石建造的形成和分布特征,实施地质类比预测,预测相似成矿地质背景下的同类矿产。成矿地质背景研究的总体技术思路是以大陆动力学理论为指导,以研究地球动力学环境的大地构造相分析为基本方法,以成矿地质构造要素为核心内容,以编制专题图件为主要技术途径。成矿地质背景研究编图流程如图3-1所示。

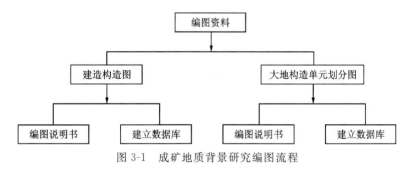

图3-1 成矿地质背景研究编图流程

本项目为省(自治区)级单矿种预测,成矿地质背景研究重点放在成矿建造构造方面。

第二节 建造构造特征

1. 苏莫查干敖包-敖包吐预测工作区沉积改造型萤石矿建造构造特征

本预测工作区萤石矿预测类型为沉积改造型,因此确定地质背景底图为建造构造图。

预测区内大面积出露二叠系大石寨组。该地层岩性为一套酸性—中酸性海相火山熔岩、火山碎屑岩夹正常沉积碎屑岩、泥岩和碳酸盐岩组合。

本预测区西部编图工作底图属《呼布斯格勒幅》(K49C001002)建造构造图范围。该图将大石寨组划分为3个岩性段:一岩段为酸性火山碎屑岩砂岩建造;二岩段下部为酸性火山岩建造,上部为碳酸盐岩泥岩建造；三岩段为酸性火山碎屑岩建造。东部编图工作底图属《二连浩特市幅》(K49C001003)建造构造图范围，该图对大石寨组未进行详细划分，统称大石寨组，且构造轮廓不清。

在预测区北部边缘有新元古界艾力格庙组石英砂岩碳酸盐岩建造零星出露。在预测区西部边境地区有二叠系哲斯组碳酸盐岩建造和碎屑岩泥岩建造小面积出露。

本区侵入岩较为发育，其形成时代主要有二叠纪、侏罗纪和白垩纪。其岩石类型主要为二长花岗岩和似斑状黑云二长花岗岩，大部分分布于预测区北部。

2. 神螺山预测工作区热液充填型萤石矿建造构造特征

本预测工作区萤石矿预测类型为热液充填型，因此确定地质背景底图为侵入岩浆构造图。

本预测工作区内，地质矿产研究程度较低，目前只有1：20万区调报告和地质矿产图，无法得到原始资料，只能根据区域地质调查成果资料进行综合研究，难免粗略；且只能以神螺山萤石矿的普查报告及所附图件对矿脉的分布、规模和数量的记载情况作为主要根据。

原1：20万区调报告和神螺山的普查报告，均把出露于矿区内的沉积地层，命名为下二叠统的"哲斯组"。根据《内蒙古岩石地层》一书的描述，分布于额济纳旗南部（含神螺山地区）相当于哲斯组的沉积地层，由于它们所处的大地构造位置相差悬殊，而采用甘肃省使用的"双堡塘组"，并将其时代修正为中二叠世。层位上仍可以与内蒙古中部的哲斯组相对比，因为两者的生物群组合特征十分相近。

根据脉状萤石矿成因和图面早二叠世二长花岗岩的出露与分布特征，推论区内应有较大的早二叠世二长花岗岩的岩体存在。依据地表出露的部分资料记载，此岩体是淡肉红色中粒片麻状黑云母二长花岗岩，基质含量为斜长石30%、钾长石25%、石英30%、黑云母8%，其他副矿物主要有榍石、磷灰石、锆石，其次为磷铁矿、褐帘石、自然铅、萤石、金红石、绿帘石等。该岩体发育萤石矿化。

3. 东七一山预测工作区热液充填型萤石矿建造构造特征

本预测工作区萤石矿预测类型为热液充填型，因此确定地质背景底图为侵入岩浆构造图。

预测区内岩浆活动频繁，岩体发育，岩性从中酸性到超基性均有出露，出露面积约占预测区40%，但以中酸性岩为主，从新到老如下。

早白垩世：粗粒花岗岩、中粒二长花岗岩；

侏罗纪：似斑状花岗岩；

晚三叠世：中粗粒花岗岩、中粗粒二长花岗岩；

中二叠世：中粗粒蚀变辉长岩、中粗粒黑云二长花岗岩；

晚石炭世：中粗粒花岗闪长岩、中粗粒英云闪长岩、中粗粒石英闪长岩、中粒辉长岩；

志留纪：粗粒二云母二长花岗岩、中粗粒似斑状黑云二长花岗岩、中粗粒英云闪长岩；

以上各岩体与萤石矿有关系的只有晚石炭世石英闪长岩及花岗闪长岩，其余与萤石矿成因无关系。

4. 哈布达哈拉-恩格勒预测工作区热液充填型萤石矿建造构造特征

本预测工作区萤石矿预测类型为热液充填型，因此确定地质背景底图为侵入岩浆构造图。

预测工作区岩浆活动比较频繁，岩体分布范围比较广，所见侵入岩从新到老如下。

中侏罗世：中粗粒石英正长岩；

中三叠世：石英正长岩、花岗斑岩、花岗岩、黑云母花岗岩、似斑状二长花岗岩、二长花岗岩、黑云母二长花岗岩、闪长玢岩；

晚二叠世：花岗岩、黑云母花岗岩、似斑状黑云母花岗岩、二长花岗岩、似斑状二长花岗岩；

晚石炭世：花岗闪长岩、英云闪长岩、石英闪长岩；

志留纪：中粒二长花岗岩、花岗闪长岩、中粒英云闪长岩、中粗粒英云闪长岩；

中元古代：石英闪长岩、闪长岩、变辉绿岩、次闪石化辉长岩、角闪辉长岩。

以上各岩体与萤石矿成矿有关的只有中三叠世的中粗粒花岗岩、中粗粒似斑状二长花岗岩、中粗粒碱长花岗岩、中粗粒黑云母二长花岗岩。

5. 库伦敖包-刘满壕预测工作区热液充填型萤石矿建造构造特征

本预测工作区萤石矿预测类型为热液充填型，因此确定地质背景底图为侵入岩浆构造图。

预测工作区出露的侵入岩主要为晚三叠世浅肉红色中粗粒二长花岗岩，是本次预测的主要目的层之一，在矿区内往往呈岩枝、岩脉状产出。另外矿区内还出露有花岗岩脉、石英闪长岩脉及萤石石英脉，而萤石矿主要产在萤石石英脉之中。

6. 黑沙图-乌兰布拉格预测工作区热液充填型萤石矿建造构造特征

本预测工作区萤石矿预测类型为热液充填型，因此确定地质背景底图为侵入岩浆构造图。

预测工作中出露的岩浆岩主要有中晚奥陶世英云闪长岩、白岗岩以及各类岩脉。

中晚奥陶世英云闪长岩：为矿区中最老的岩浆岩，往往呈岩株状侵入中下奥陶统布龙山组砂岩及板岩之中，岩石具片麻状构造，主要矿物成分为斜长石75%、石英20%、黑云母5%、角闪石少量。副矿物有绿帘石、绿泥石、榍石、磷灰石等。岩石受挤压破碎，多为变余花岗结构和定向排列的片麻状构造，其排列走向为340°，倾向南西，倾角40°左右。岩石中北东向的断裂十分发育，萤石矿脉往往沿裂隙充填于岩体与围岩的内外接触带之中，在靠近矿体部分有较强的蚀变现象，首先是较强的破碎，石英均被碾成细小的碎颗粒，且具定向排列的带状。长石也较破碎，斜长石往往具绢云母化和高岭土化。也是矿区内主要的赋矿层位之一。该岩体分布在矿区中西部的广大地区。

白岗岩：为矿床围岩，从矿物成分及矿物排列情况来看，与片麻状英云闪长岩极为相似。该岩体中普遍有星散的黄铁矿，长石均具强烈的绢云母化，石英均碾成细小的颗粒，波状消光明显。该岩石具强烈的硅化作用。在野外观察它与片麻状英云闪长岩为渐变关系，因此认为白岗岩是片麻状英云闪长岩的变种，受强烈蚀变而成。岩体中的北东向断裂十分发育，萤石矿脉就是沿北东向断裂充填其中，是矿区最主要的赋矿层。

7. 白音脑包-赛乌苏预测工作区热液充填型萤石矿建造构造特征

本预测工作区萤石矿预测类型为热液充填型，因此确定地质背景底图为侵入岩浆构造图。

预测工作区内的构造和岩浆活动相对较弱，仅在晚侏罗世有小规模的火山喷发，伴随火山活动有酸性岩浆侵入活动，在酸性侵入体岩浆期后热液矿化作用明显，为萤石矿脉的形成提供了一定的矿源物质。

预测工作区内出露地层和岩浆岩单一。现对与萤石矿成矿有关系的白音脑包萤石矿区建造构造特征作简要描述。

上侏罗统满克头鄂博组：主要为一套杂色火山喷发-沉积相的火山碎屑岩夹正常沉积碎屑岩建造，其岩性组合为凝灰质砂岩、凝灰岩夹晶屑灰岩、粉砂岩及页岩。岩层内裂隙发育，多呈北东向展布，为成矿热液提供了良好的通道，萤石矿脉往往产在这些北东向的裂隙之中，是矿区内的赋矿层。

晚侏罗世花岗岩：是矿区内唯一的侵入岩，其岩性为肉红色、浅肉红色和浅粉色中粗粒花岗岩及浅肉红色黑云母花岗岩，规模较小，往往呈小岩株状分布在矿区的西部和北部。岩体内北东向的节理十分发育，后期含矿热液沿裂隙贯入，因此萤石矿脉往往都产在侵入岩的内外接触带中，是矿区内的含矿母岩和赋矿层。

8. 白彦敖包-石匠山预测工作区热液充填型萤石矿建造构造特征

本预测工作区萤石矿预测类型为热液充填型，因此确定地质背景底图为侵入岩浆构造图。

预测工作区侵入岩十分发育,各时代的侵入岩均有分布,现就与萤石矿有关的岩体分述如下。

晚侏罗世:灰褐色不等粒黑云石英二长岩、中粗粒似斑状二长花岗岩;

晚三叠世:深灰色、灰白色中粗粒白云母花岗岩;

中二叠世:肉红色中粗粒二长花岗岩;

二叠纪:浅红色黑云碱长花岗岩,中粒花岗岩,灰白色、淡粉色似斑状花岗岩。

9. 东井子-太仆寺东郊预测工作区热液充填型萤石矿建造构造特征

本预测工作区萤石矿预测类型为热液充填型,因此确定地质背景底图为侵入岩浆构造图。

预测工作区内主要出露古生代和中生代侵入岩。其中二叠纪主要有二长花岗岩、花岗闪长岩和二云母花岗岩,均分布在中西部地区;侏罗纪主要为二长花岗岩和花岗斑岩;白垩纪为石英二长斑岩,均分布在中部和北部。脉岩不发育,只有少量花岗斑岩脉和花岗细晶岩脉。

10. 跃进预测工作区热液充填型萤石矿建造构造特征

本预测工作区萤石矿预测类型为热液充填型,因此确定地质背景底图为侵入岩浆构造图。

预测工作区内出露侵入岩简述如下。

晚二叠世:主要为闪长岩、石英闪长岩、花岗闪长岩、英云闪长岩以及少量的角闪辉长岩;

三叠纪:主要为花岗岩和二长花岗岩,均分布在预测区中部,为本区萤石矿的成矿母岩;

中侏罗世:主要为花岗岩和似斑状花岗岩;

另有零星中元古代基性岩、志留纪—泥盆纪闪长岩和花岗闪长岩等出露。

本预测工作区内脉岩极为发育,主要有闪长玢岩脉、辉绿(玢)岩脉、斜长花岗岩脉、正长斑岩脉、硅质岩脉、石英脉等,其走向以北东向为主,其次为近东西向和近南北向,北西向少数。

11. 苏达勒-乌兰哈达预测工作区热液充填型萤石矿建造构造特征

本预测工作区萤石矿预测类型为热液充填型,因此确定地质背景底图为侵入岩浆构造图。

预测工作区中出露的侵入岩主要为中生代,侏罗纪侵入岩主要有不等粒石英二长岩、粗中粒石英闪长岩,均分布在中西部地区;白垩纪主要为中粗粒黑云母花岗岩和中粗粒角闪黑云花岗闪长岩,二者在区内出露面积较大。脉岩也较发育,主要有花岗岩脉、花岗细晶岩脉、伟晶岩脉、花岗闪长岩脉、玄武岩脉等。

上述侵入岩中,白垩纪中粗粒黑云母花岗岩和中粗粒角闪黑云花岗闪长岩为萤石矿成矿母岩。

白垩纪中粗粒黑云母花岗岩:岩石呈灰白色,中—粗粒花岗结构,块状构造。主要矿物成分为石英35%、钾长石40%、斜长石15%、黑云母磁铁矿等少量。出露总面积约343km^2,岩体呈不规则状出露。本预测区东郊萤石矿即形成于该岩体内外接触带上。岩石系列为高钾钙碱性系列,岩体年龄为146.5~119.0Ma(K-Ar)。

白垩纪中粗粒角闪黑云花岗闪长岩:岩石呈灰白色,中粗粒花岗结构,块状构造。主要矿物成分为斜长石56%、钾长石13%、石英22%,少量角闪石以及黑云母。在区内出露面积较小,面积约8.44km^2,集中于苏达勒萤石矿西部以及预测区的中东和东北部,呈椭圆状出露,同为萤石矿形成母岩,岩石系列定为高钾钙碱性系列。

12. 大西沟-桃海预测工作区热液充填型萤石矿建造构造特征

本预测工作区萤石矿预测类型为热液充填型,因此确定地质背景底图为侵入岩浆构造图。

预测工作区内主要侵入岩如下。

中元古代:糜棱岩化黑云二长花岗岩;

早二叠世:闪长岩、黑云二长花岗岩;
中二叠世:斜长花岗岩、黑云二长花岗岩;
早三叠世:黑云二长花岗岩;
中三叠世:闪长岩、黑云二长花岗岩;
晚三叠世:黑云二长花岗岩;
早侏罗世:黑云角闪二长花岗岩;
中侏罗世:黑云二长花岗岩;
晚侏罗世:黑云二长花岗岩;
早白垩世:闪长玢岩。

以上所述与萤石矿形成密切相关的侵入岩为燕山期黑云母二长花岗岩体,为萤石矿的形成提供必要的热液来源。

13. 白杖子-陈道沟预测工作区热液充填型萤石矿建造构造特征

本预测工作区萤石矿预测类型为热液充填型,因此确定地质背景底图为侵入岩浆构造图。
预测区岩浆活动比较频繁,岩体分布范围比较广,所见侵入岩为:
早二叠世:闪长岩、石英闪长岩;
中二叠世:花岗闪长岩、斜长花岗岩、二长花岗岩、正长花岗岩;
晚侏罗世:石英闪长岩、二长花岗岩、黑云母花岗岩;
早白垩世:石英二长岩、正长花岗岩、碱长花岗岩、花岗斑岩。
萤石矿产于海西晚期花岗杂岩体分布的外接触带。

14. 昆库力-旺石山预测工作区热液充填型萤石矿建造构造特征

本预测工作区萤石矿预测类型为热液充填型,因此确定地质背景底图为侵入岩浆构造图。
预测区岩浆活动比较频繁,岩体分布范围比较广,所见侵入岩为:
晚泥盆世:中粒辉长岩、中粒闪长岩、中粒石英闪长岩、石英闪长玢岩、粗中粒斜长花岗岩、粗中粒花岗闪长岩;
晚石炭世:灰白色花岗闪长岩、浅红色黑云母花岗岩、正长花岗岩;
中二叠世:灰白色黑云二长花岗岩;
中侏罗世:浅肉红色粗粒正长花岗岩;
晚侏罗世:浅灰红色花岗闪长岩、正长花岗岩;
早白垩世:斜长花岗岩、灰色闪长岩、灰黑色辉长岩、正长斑岩、中粒花岗岩、花岗斑岩。
与萤石矿密切相关的岩体为晚石炭世黑云母花岗岩。

15. 哈达汗-诺敏山预测工作区热液充填型萤石矿建造构造特征

本预测工作区萤石矿预测类型为热液充填型,因此确定地质背景底图为侵入岩浆构造图。
预测工作区内出露的主要侵入岩为:
中三叠世:黑云母花岗岩;
早侏罗世:中粒黑云二长花岗岩、似斑状含黑云母二长花岗岩、角闪辉长岩;
中侏罗世:文象二长花岗岩;
早白垩世:石英正长斑岩、花岗斑岩。
萤石矿的形成主要受控于早白垩世石英正长斑岩、花岗斑岩。
花岗斑岩:岩石呈灰白色,斑状结构,块状构造,斑晶以钾长石、斜长石、石英为主,少量黑云母、角闪石,基质为长英质,含磁铁矿、榍石、钛铁矿、磷灰石、褐帘石、锆石、萤石、石榴子石等。

16. 协林-六合屯预测工作区热液充填型萤石矿建造构造特征

本预测工作区萤石矿预测类型为热液充填型,因此确定地质背景底图为侵入岩浆构造图。

预测工作区内岩浆活动比较频繁,岩体分布范围比较广,所见侵入岩如下。

中二叠世:超基性岩、片麻状花岗岩;

晚二叠世:肉红色二长花岗岩、浅肉红色黑云母花岗岩;

晚侏罗世:灰绿色闪长玢岩;

早白垩世:浅粉色黑云母花岗岩、肉红色花岗斑岩、浅红色石英正长斑岩。

与预测区内萤石矿成矿有关的侵入岩出露有晚侏罗世闪长玢岩和早白垩世花岗斑岩岩体。

17. 白音锡勒牧场-水头预测工作区热液充填型萤石矿建造构造特征

本预测工作区萤石矿预测类型为热液充填型,因此确定地质背景底图为侵入岩浆构造图。

预测工作区内侏罗纪侵入岩最发育,其次为二叠纪和三叠纪。

中二叠世主要为二长花岗岩,分布在预测区北部;

晚二叠世主要有角闪辉长岩、闪长岩、花岗闪长岩,分布在预测区西部;

三叠纪主要为辉长岩和花岗闪长岩,主要分布在东北部;

晚侏罗世主要为闪长岩、花岗岩、黑云母花岗岩、二长花岗岩和正长花岗岩,遍布整个预测区内。

第三节 大地构造特征

一、大地构造单元划分

内蒙古自治区大地构造位置隶属天山-兴蒙造山系(Ⅰ)、华北陆块区(Ⅱ)、塔里木陆块区(Ⅲ)和秦祁昆造山系(Ⅳ),详见图3-2。

二、预测工作区大地构造特征

(一)苏莫查干敖包-敖包吐预测工作区大地构造特征

本预测工作区处于天山-兴蒙造山系(Ⅰ)、大兴安岭弧盆系(Ⅰ-1)、锡林浩特岩浆(Ⅰ-1-6)三级构造分区。

通过对大石寨组地层层序的研究与细化以及对构造形态的研究与勾画,显示出本区构造形式基本特征是一条北东向断裂构造和一个北东向向斜构造。

断裂构造即苏莫查干敖包-敖包吐阿木-伊和尔-额合哈善图-瑙尔其格北东向大断裂,呈北东、南西向斜穿全预测区,其北西侧为隆起区,且岩石普遍糜棱岩化;其东南侧为白垩纪构造盆地。

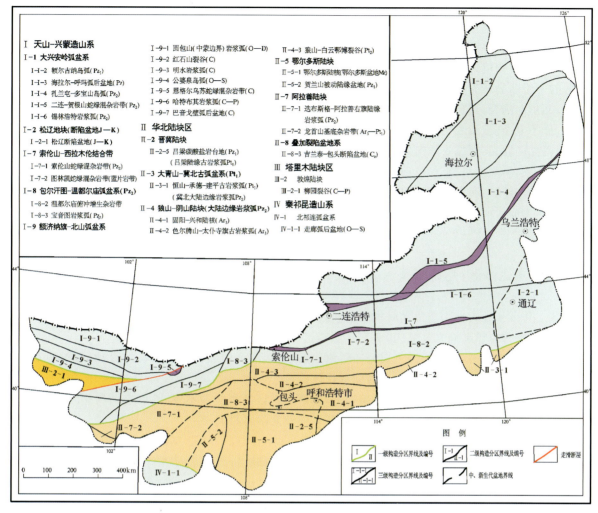

图 3-2　内蒙古自治区大地构造分区图

向斜构造为由大石寨组构成的北东向开阔向斜,核部为大石寨组五岩段,翼部为二、三、四岩段,东南翼部分被上述北东向大断裂断掉。该向斜内北东和北西向断裂以及次级北东向褶皱发育。

(二)神螺山预测工作区大地构造特征

本预测工作区大地构造分属塔里木陆块区(Ⅲ)敦煌陆块(Ⅲ-2)柳园裂谷(Ⅲ-2-1)。

预测工作区内,地质矿产研究程度较低,目前只有1∶20万区调报告和地质矿产图,无法得到原始资料,只能根据区调成果资料进行综合研究,难免粗略,且只能以神螺山萤石矿的普查报告及所附图件对矿脉的分布、规模和数量的记载情况作为主要根据。

区内构造大致分为3组:①阶梯状正断层组;②不完全地垒式正断层组;③相互平行或无一定组合形式的正断层。各组断层规模不大,长数十至数百米,断层面绝大部分向西倾斜,倾角在60°~84°之间。

(三)东七一山预测工作区大地构造特征

预测工作区大地构造位置属天山-兴蒙造山系(Ⅰ)及塔里木陆地(Ⅲ)一级构造分区、额济纳旗-北山弧盆系(Ⅰ-9)敦煌陆地(Ⅲ-2)二级构造分区、红石山裂谷(Ⅰ-9-2)、明水岩浆弧(Ⅰ-9-3)、公婆泉岛弧

(Ⅰ-9-4)及柳园裂谷(Ⅲ-2-1)三级构造分区。

预测区内构造较为发育,以断裂构造为主,褶皱构造次之,构造线总体方向是以北西向为主,近东西向次之,北东向较少,褶皱构造分布于测区西北部及南部,但是不太发育。

本区以断裂构造为主,绝大多数与成矿有关,为矿液的通道和良好沉淀场所。以北东 $30°\sim45°$ 和近南北向的两组断裂最为发育。

(1)北东向断裂:其特点是开口大延伸小,在近百米的距离内迅速尖灭,断裂带内角砾清楚,两壁凹凸不平,形态复杂,被石髓-萤石脉充填,为张扭性断裂。

(2)南北向断裂:断裂一般向西陡倾,特点是开口小延伸稳定,长数百米,两臂光滑,挤压现象明显,局部可见擦痕,平面上是"S"形弯曲,其间多充填萤石矿脉,为压性断裂。

(3)北西向断裂:不发育、规模小,一般长 12m 至数十米,宽 129cm,为萤石-石髓脉充填。

上述均为成矿前的断裂构造,但在成矿期和成矿后有继承性的复活,活动范围有限,对矿体的破坏作用不甚明显。

(四)哈布达哈拉-恩格勒预测工作区大地构造特征

预测工作区所处大地构造位置属华北陆块区(Ⅱ)一级构造分区,阿拉善陆块(Ⅱ-7)二级构造分区,迭布斯格-阿拉善右旗陆缘岩浆弧(Ⅱ-7-1)三级构造分区。

预测工作区内断裂构造发育,主要分布于测区的东部,测区内皱褶构造不甚发育,断裂构造主要以北东向及北北东向为主,北西向及近东西向的次之。

在预测工作区中与成矿有关的为断裂构造,而西部地区断裂构造不发育,以北西向为主,而测区东部区断裂构造发育,与成矿有关的断裂构造有北东向及北西向两组。

(五)库伦敖包-刘满壕预测工作区大地构造特征

预测工作区所处大地构造位置属华北陆块区(Ⅱ)、狼山-阴山陆块(Ⅱ-4)、狼山-白云鄂博裂谷(Ⅱ-4-3)三级构造单元。

本区内的构造较为简单,主要以断裂为主,往往呈北西-南东向展布,而萤石石英脉则产于北西向断裂之中,是萤石矿的主要容矿场所。

(六)黑沙图-乌兰布拉格预测工作区大地构造特征

预测工作区所处大地构造位置属天山-兴蒙造山系(Ⅰ)、包尔汗图-温都尔庙弧盆系(Ⅰ-8)、温都尔庙俯冲增生杂岩带(Ⅰ-8-2)三级构造分区。

区内地势比较平缓,除南西和东西分布小山丘以外,大部分地形平缓,其构造特征如下。

褶皱构造:就矿区附近出露的中下奥陶世布龙山组地层褶皱形态来看,属于向北西西倾伏、向南倒转的背斜构造,背斜轴为 $290°$,倾向南西,倾角 $45°\sim60°$,与区域构造线方向一致。

断裂构造可分为 3 组,分述如下。

(1)近东西向断层组:根据矿区内岩浆岩的分布多为走向近东西方向分布,而且形态较大,认为该组断裂构造规模较大,为本区较早的断裂构造,对岩浆岩及萤石矿脉有一定的控制作用。

(2)北东向逆断层组:该组走向 $10°\sim35°$,倾向南东,倾角 $45°$ 左右,其破碎带内均有充填物,其充填为花岗斑岩脉或石英褐铁矿脉,在断层带附近均可见到角砾被褐铁矿胶结,个别地段被蛋白石致密胶结,破碎带宽 $1\sim10m$,延长 $20\sim500m$,该断裂在区内最为发育。

(3)北西向平移断层组:该组走向为 $340°$,倾向南西,倾角较陡,为 $70°$ 左右,东盘南移,断距 $2\sim3m$。

该组对矿体有一定的破坏作用,如 F1 号矿体被断层错断。

(七)白音脑包-赛乌苏预测工作区大地构造特征

预测工作区大地构造分属天山-兴蒙造山系(Ⅰ),大兴安岭弧盆系(Ⅰ-1),锡林浩特岩浆弧(Ⅰ-1-6)三级构造单元。白音脑包萤石矿处于额尔登呼舒-二连浩特晚侏罗世—早白垩世火山构造洼地-沉积盆地中。

区内的主要构造为北东向的断裂和裂隙(节理),北东向的断层呈一系列平行排列出现,沿该方向所产生的剪切节理,可见有水平位移现象。在断层面上可见有断层擦痕及断层角砾岩,多向南东倾,倾角在 45°~81°之间。在矿区内可见沿断层破碎带具较强的矿化作用,产在断层破碎带中的萤石矿脉规模和品位均具有开采价值。因此矿区内北东向的断裂构造和裂隙(节理)是主要的控矿构造。

(八)白彦敖包-石匠山预测工作区大地构造特征

预测工作区所处大地构造位置属华北陆块区(Ⅱ)、狼山-阴山陆块(Ⅱ-4)、狼山-白云鄂博裂谷(Ⅱ-4-3)。

区内地质构造较为复杂,褶皱、断裂构造均较为发育。褶皱构造以达盖滩背斜为代表,出露于六十顷—达盖滩一线,轴向 55°,轴长 25km,褶皱宽 25km,轴部出露地层为三面井组硬砂岩段,两翼为三面井组安山岩段,背斜南翼具有复式褶皱特征。区内断裂构造十分发育,为热液活动提供了通道。与萤石矿有密切关系的断裂构造有北东向、北西向、近东西向、近南北向,而且由于不同萤石矿矿区所处的位置不同,因此各萤石矿的控矿构造也有所不同。

(九)东井子-太仆寺东郊预测工作区大地构造特征

预测工作区西北角(即大老—潘营子一带及其西北部)为狼山-白云鄂博裂谷三级构造带东段,属狼山-白云鄂博裂谷构造岩浆岩亚带;其余大部分色尔腾山-太仆寺旗古岩浆弧三级构造带,属色尔腾山-太仆寺旗古岩浆弧构造亚带。

本预测工作区内由于新生界覆盖较广,各地质单元出露不连续,而且火山岩地区标志层不明显,故褶皱构造轮廓极不清晰,且多为小规模开阔者。但断裂构造及裂隙较发育,主要为北东-北北东和北西-北北西向两组,南北向次之,一般规模不大,出露不连续。

(十)跃进预测工作区大地构造特征

预测工作区大地构造位置属天山-兴蒙造山系(Ⅰ),大兴安岭弧盆系(Ⅰ-1),锡林浩特岩浆弧(Ⅰ-1-6)。

预测工作区内褶皱和断裂均较发育,但由于新生界覆盖和岩浆岩侵入,基岩往往出露不连续,构造形态不完整或断续出露。

1. 褶皱构造

(1)前古生代褶皱:主要在预测区西北部白音塔拉牧场以北,由温都尔庙群构成的整体为一个由两个复式背斜和一个复式向斜构成的复式褶皱,走向东西。

(2)晚古生代褶皱:在南部的沙拉希勒一带,由大石寨组和林西组构成的由两个向斜和一个背斜构成的复式褶皱,轴向呈北东东向。

(3)在预测区东南必鲁特一带有由林西组单独构成的北东向背斜、向斜各一个。

(4)侏罗纪褶皱:在跃进公社北沃博尔乌苏一带见有一些由塔木兰构成的较为开阔宽缓的北北东向褶皱,在东北部有由塔木兰组和红旗组构成的较开阔短轴北北东向背斜、向斜褶皱。

(5)另外,在东部的巴颜胡硕以北有由锡林郭勒杂岩之片麻理构成的近东西向向形构造。

2. 断裂构造

(1)出露于预测区南部的跃进三队至沙拉希勒之间的糜棱岩带:该糜棱岩形成于中古生代,一直到中生代仍在活动,其中包含有蓟县系哈尔哈达组、泥盆纪—志留纪闪长岩体、大石寨组、林西组以及三叠纪花岗岩等均有不同程度的糜棱岩化,且越老岩块糜棱岩化程度越强,在其两侧有志留纪—泥盆纪、二叠纪、三叠纪以及侏罗纪岩浆侵入。糜棱岩带宽4~5km,长在15km以上,走向为北东东向,同时在糜棱岩带内后期(晚古生代及其以后)又发育若干不同性质但方向相同的断裂构造。

(2)出露于预测区南部的塔布陶勒盖北断层由于第四系的覆盖被分为东西两段:西段为哈尔哈达组与大石寨组界线,产状为335°∠35°;东段为大石寨组与三叠纪花岗岩和二叠纪似斑状英云闪长岩的界线,产状为165°∠58°,均为逆断层,长约10km以上。该断裂东段为主要控矿断裂。

(3)出露于预测区北部的古尔班陶勒盖北逆断层,走向由北西西逐渐转向北东东,略呈向南凸的弧形,倾向北,可见长度约9km。

(十一)苏达勒-乌兰哈达预测工作区大地构造特征

预测工作工作区所处大地构造位置属天山-兴蒙造山系(Ⅰ)、大兴安岭弧盆系(Ⅰ-1)、锡林浩特岩浆弧(Ⅰ-1-6)三级构造单元。

本预测区内褶皱构造轮廓极不清晰,且多为小规模开阔者。但断裂构造及裂隙较发育,主要为北西-南东和北东-南西向两组,一般规模不大,出露不连续。

预测工作区中,与萤石矿的形成密不可分的构造为北东-南西向断裂构造。

(十二)大西沟-桃海预测工作区大地构造特征

预测工作区大地构造分属华北陆块区(Ⅱ),大青山-冀北古弧盆系(Ⅱ-3),冀北大陆边缘岩浆弧(Ⅱ-3-1)。

预测区内构造较为发育,在区内东南部一带大双庙乡西部见有大型褶皱构造,桃海萤石矿处于该褶皱的西北部,对矿床的分布无影响,区内最为发育的构造为断裂构造,萤石矿主要受到断裂的控制。现对有关断裂构造作简要描述:断裂走向一般为北东-南西向,主要为正断层,大西沟萤石矿处于呈北东-南西向断裂构造的边缘。区内最长断裂为碾子沟萤石矿东部的大型压扭性走滑断层,该断层长约12km,走向北西-南东,为区内的主要成矿断裂构造。区内较小的断裂主要集中于预测区西北部,多为次一级的小断裂,萤石矿床受其影响较为明显。

(十三)白杖子-陈道沟预测工作区大地构造特征

预测工作区所处大地构造位置属天山-兴蒙造山系(Ⅰ),包尔汗图-温都尔庙弧盆系(Ⅰ-8)温都尔庙俯冲增生杂岩带(Ⅰ-8-2)和华北陆块区(Ⅱ),大青山-冀北古弧盆系(Ⅱ-3),冀北大陆边缘岩浆弧(Ⅱ-3-1)。

区内褶皱构造并不发育,主要以断裂构造为主,断裂构造规模不大,多为小型断层,且分布范围甚广,几乎分布于整个预测区,断裂以北东-南西向为主,次为北西-南东向。

萤石矿主要受控于北东及北东东向压扭性及张扭性构造带。

(十四)昆库力-旺石山预测工作区大地构造特征

预测工作区大地构造位置属天山-兴蒙造山系(Ⅰ),大兴安岭弧盆系(Ⅰ-1),海拉尔-呼玛弧后盆地(Ⅰ-1-3)三级构造。

区内大面积出露的中生代火山岩,基本上是与北东向的构造有着成生的联系,各期的火山岩层其倾角多在10°～15°之间,很少超过25°,而且显示单斜构造或与火山机构有关,说明中生代地层没有褶皱作用,反映了陆台区构造的基本特点。断裂活动较强,以北东向断裂为主,其次为北西向和近南北向断裂。

北东向断裂:以根河大断裂为代表,沿根河河谷发育,是区内一条主干断裂。卫星图片显示,根河河谷比较平直,而且南北两侧山脉走向不同,南侧多为北西向,而北侧多为北东或南北向;河谷两侧均发育一系列断层三角面,局部可见宽200m的破碎带。从几乎覆盖全区的溢流相玄武岩的最大厚度沿断裂分布来看,显然根河断裂是玄武岩浆通道,同时说明其产生时间应早于中侏罗世。晚侏罗世火山口及次火山岩体及早白垩世断陷盆地沿该断裂带发育,说明了根河深断裂的活动区间和继承性。从断裂较平直、倾角陡、中生代又没有大的褶皱等看,应为一条张性断裂。

在主干断裂两侧发育一些同向的、大小不等的断裂,其性质仍以高角度的张性断裂占优势,构成区内主要断裂系统。

北西向断裂:以那尔莫格其浑迪断裂为代表,沿断裂发育断层三角面、断层泉及断层山,平行断裂发育串珠状山脊,其性质主要显张性,倾向北东,倾角66°～85°。与之平行的还有一些同方向次级断裂和脉岩。北西向断裂多切割北东向断裂。

近南北向断裂:主要表现为一些近南北向的沟谷和脉岩,规模均较小,可能属北东或北西向断裂的分支断裂。

萤石矿主要受控于近北东、北西向断裂构造。

(十五)哈达汗-诺敏山预测工作区大地构造特征

预测工作区大地构造位置属天山-兴蒙造山系(Ⅰ)、大兴安岭弧盆系(Ⅰ-1)、海拉尔-呼玛弧后盆地(Ⅰ-1-3)。

区内构造不发育,主要分布在中部和北部,构造走向主要为北东向和北西向,均为小型断裂构造,区内未见褶皱构造。与萤石矿有关的成矿构造走向为近南北向、北东东向和北西西向。

(十六)协林-六合屯预测工作区大地构造特征

预测工作区大地构造位置属天山-兴蒙造山系(Ⅰ)、大兴安岭弧盆系(Ⅰ-1)、锡林浩特岩浆弧(Ⅰ-1-6)。

预测工作区内褶皱构造不发育,而断裂构造亦不发育,但断裂构造控制着区内脉状萤石矿体的形成,预测区内可见的断裂构造位于区内东部和北部,主要呈北西西向和北东向展布,与萤石矿密切相关的构造为北西向断裂构造。

(十七)白音锡勒牧场-水头预测工作区大地构造特征

预测工作区大地构造位置属天山-兴蒙造山系(Ⅰ)、大兴安岭弧盆系(Ⅰ-1)、锡林浩特岩浆弧(Ⅰ-1-6)三级构造分区。

一系列北东向不对称复式褶皱、北东向断裂、北东向构造破碎带以及北东向长条状岩体、岩块、脉岩等有序组合,构成了本预测工作区基本构造格局。

1. 褶皱构造

由二叠系构成的一系列褶皱均为紧闭线型复式褶皱,而侏罗系多发育短轴、宽缓褶皱。

(1)巴彦查干复式向斜:核部为大石寨组,两翼为寿山沟组,总体呈北东向,褶皱轴略有弯曲,长度约30km。

(2)白石磊子-二道营子复式向斜:北段核部为大石寨组,两翼为寿山沟组,中段被侏罗系覆盖,南段核部为大石寨组和哲斯组,但多被断层、岩体破坏,形迹已不清晰。轴向北东向,总长约55km。

(3)大石山-四块石头山复式向斜:核部为大石寨组,北翼为寿山沟组,南翼被断裂和侵入岩破坏,轴向为北东向,形态较紧闭。

(4)大营子乡-繁荣乡褶皱:是由林西组构成的背斜、向斜褶皱群,总体呈北东向。

(5)侏罗系褶皱一般较为开阔、宽缓。

2. 断裂构造

本预测工作区内断裂构造发育,以北东向为主,其次为北西向或近东西向。下列两条北东向大构造带与矿化关系密切。

(1)锡林郭勒种畜场-海流特山断裂破碎带。该断裂破碎带为由两条北东向正断层和3条北东向破碎带组成的巨大的北东向断裂破碎带。出露长度大于50km,宽约10km。在该破碎带的西南段,有北西向断层与北东向断层相交,白音锡勒牧场萤石矿即形成于该交会处。

(2)白石磊子-二道营子断裂组合带。该断裂组合带形成于白石磊子-二道营子复式向斜核部,由3条北东向正断层和两条北东向推测断层以及若干北东向长条状侵入岩、脉岩和岩块组成,总长度55km,宽约3km,并发育一系列次级近南北向小断层或裂隙,水头萤石矿即形成于该断裂组合带北段之近南北向裂隙内。

第四章　内蒙古自治区萤石矿典型矿床特征

第一节　典型矿床特征

一、典型矿床研究技术流程

典型矿床研究技术流程见图 4-1。

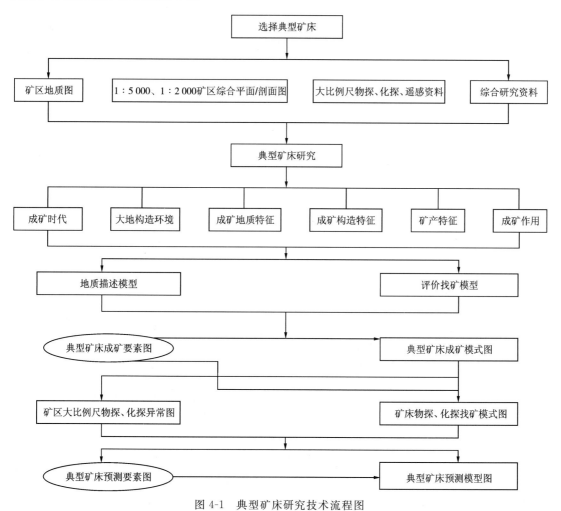

图 4-1　典型矿床研究技术流程图

二、典型矿床选取

根据矿床的矿产预测类型,结合内蒙古自治区萤石矿勘查现状,选取苏莫查干萤石矿、东七一山萤石矿、恩格勒萤石矿、苏达勒萤石矿、大西沟萤石矿、昆库力萤石矿6个萤石矿床,作为相应预测类型的典型矿床。

上述6个典型矿床分别对应6个预测工作区,具体见表4-1。

表4-1 典型矿床矿产预测类型及所属预测工作区对比表

序号	典型矿床名称	矿产预测类型	所属预测工作区
1	苏莫查干萤石矿	沉积改造型	苏莫查干敖包-敖包吐预测工作区
2	东七一山萤石矿	热液充填型	东七一山预测工作区
3	恩格勒萤石矿	热液充填型	哈布达哈拉-恩格勒预测工作区
4	苏达勒萤石矿	热液充填型	苏达勒-乌兰哈达预测工作区
5	大西沟萤石矿	热液充填型	大西沟-桃海预测工作区
6	昆库力萤石矿	热液充填型	昆库力-旺石山预测工作区

三、典型矿床特征

(一)苏莫查干矿区萤石矿

该矿床大地构造属天山-兴蒙造山系(Ⅰ)、大兴安岭弧盆系(Ⅰ-Ⅰ)、锡林浩特岩浆(Ⅰ-Ⅰ-6)三级构造分区。

苏莫查干敖包萤石矿成矿分为多期次,沉积阶段形成矿体时代为二叠纪,热液叠加改造成矿时代为燕山期。该矿床为典型的沉积改造型萤石矿。

矿区位于蒙古弧形褶皱带与新华夏构造体系的复合部位,构造形迹与蒙古弧形构造关系密切。矿区内褶皱构造发育,矿区主体为一单斜构造,所见褶皱为北东向、北东东向的苏莫查干敖包束状褶皱群,与区域构造线方向一致,背斜轴部和翼部由陡变缓的斜坡上,是萤石储矿的有利空间,而向斜核部和褶皱平缓地段均未见到萤石矿体。矿区内断裂构造较为发育,与萤石矿有关的断裂构造主要发育在大石寨组三岩组底部的层间断裂中,为北东向压扭-张扭性断层,而近东西向和近南北向者多为张扭性逆断层或平移断层,北西向断层在区内不发育,断裂构造控制了萤石矿的厚度变化,为萤石矿的后期改造提供了场所。

根据对典型矿床成矿地质条件的分析,区内萤石矿主要受到二叠系大石寨组碳酸盐岩地层的沉积作用,在沉积阶段产出有纹层状和条带状萤石集合体以及富萤石块体(矿胚),而在后期由燕山期岩浆热液的叠加作用,岩浆体系自身的结晶分异作用可促使大量挥发性组分在岩浆房顶部或旁侧发生富集,进而形成富挥发性组分的花岗岩体,在构造薄弱地带,富挥发性组分流体可沿特定构造部位运移,并且对中二叠统大石寨组中的有用组分进行淋滤、萃取,在构造有利地段形成微细粒和浸染状萤石和含萤石石英脉。

（二）东七一山矿区萤石矿

该矿床大地构造属天山-兴蒙造山系（Ⅰ）、额济纳旗-北山弧盆系（Ⅰ-9）、公婆泉岛弧（Ⅰ-9-4）三级构造分区。

东七一山萤石矿受花岗闪长岩、石英闪长岩体的影响，成矿时代为海西中期。

矿区内构造以断裂构造为主，绝大多数与成矿有关，为矿液的通道和良好的沉淀场所，以N30°～45°E和近于南北向的两组断裂最为发育。①北东向的断裂：其特点是开口大，延伸小，在几十米至百米的距离内迅速尖灭，断裂带内角砾清楚，两壁凹凸不平，形态复杂，被石髓或石髓-萤石脉充填，为张扭性断裂。②南北向的断裂：断裂一般向西陡倾，特点是开口小，延伸稳定，长数百米，两壁光滑，挤压现象明显，局部可见擦痕，平面上呈"S"形弯曲，其间多充填萤石矿脉，为压扭性断裂。③北西向的断裂：不发育，规模小，一般长几米至数十米，宽几十厘米，为萤石-石髓脉充填。上述为成矿前的断裂构造，但在成矿期和成矿后有继承性的复活，活动范围有限，对矿体破坏作用不甚明显。

海西中期岩浆热液的流动性赋予了萤石矿形成的一个基本条件，初期高温热液带动含矿物质流动，正是由于岩浆具"流动性"的特征，热液贯入断裂的缝隙中，在伴有地下水的作用下，岩浆渐渐冷凝，在温度降到较低时逐渐冷凝胶结，形成脉状、网脉状、囊状矿体。该矿床为热液充填型萤石矿。

（三）恩格勒矿区萤石矿

该矿床大地构造属华北陆块区（Ⅱ）一级构造分区、阿拉善陆块（Ⅱ-7）二级构造分区、迭布斯格-阿拉善右旗陆缘岩浆弧（Ⅱ-7-1）三级构造分区。

受黑云母花岗岩的作用，矿体的形成时代为印支期。

矿区内褶皱构造较发育，规模都比较小，背斜中最长约4km，轴向近东西，最短1km，轴向北东，向斜只有1条，轴向为北东-南西向，长约2km。

矿区内断裂构造发育，与萤石矿关系紧密的构造为F_1断层，为南北向的正断层，该组断层形成最晚，矿体产于该断层中，并严格受断层控制，矿体与断层产状一致，与围岩界线清楚，F_4断层中充填有萤石矿脉，为东西向的正断层。

萤石矿形成主要的热源、物源于印支期黑云母花岗岩体，为成矿母岩，由于岩浆活动而诱发的一系列区域性大断裂，在派生的次级小断裂、断裂带中，花岗岩体热液沿断裂裂隙贯入，在温度、压力达到较低时，受断裂控制，形成脉状矿体。该矿床为热液充填型萤石矿。

（四）苏达勒矿区萤石矿

该矿床大地构造位置属天山-兴蒙造山系（Ⅰ）一级构造分区、大兴安岭弧盆系（Ⅰ-1）二级构造分区、锡林浩特岩浆弧（Ⅰ-1-6）三级构造分区。

萤石矿的形成时代为燕山晚期。

矿区整体为一陡倾斜的单斜构造，走向40°左右，倾角50°～70°，断裂构造较发育，在矿区中部有一NE40°左右的断裂破碎带，倾向南东，倾角50°～60°，可见长约600m，宽约60m，带内岩石极端破碎，具角砾状构造、糜棱岩化、擦痕面（南东倾）及萤石、方解石、石英脉等脉岩贯入，从擦痕面上阶步分析，破碎带南东盘（上盘）下降，属正断层形成的破碎带。该带具有多次构造运动，对成矿具有严格的控制作用。破碎带内的前期构造，为矿液的运移富集提供条件，而使萤石矿富集成矿，尔后的各次构造运动，既对成矿有利，同时也对先形成的矿体起着破坏作用，使矿体位移、破裂或贯入较多的脉石矿物。

在矿区北东角发育有燕山晚期角闪黑云花岗闪长岩体，同时在岩体的南西侧又具有与岩体相接的北东向断裂破碎带,为区内萤石矿成矿作用提供了前提条件,角闪黑云花岗闪长岩副矿物中萤石含量较多,且氟元素丰度也偏高,因而该岩体的期后热液流体含大量的 CaF_2,沿断裂破碎带运移富集成矿。该矿床为热液充填型萤石矿。

(五)大西沟矿区萤石矿

大地构造属华北陆块区(Ⅱ),大青山-冀北古弧盆系(Pt_1)(Ⅱ-3),恒山-承德-建平古岩浆弧(Pt_1)(Ⅱ-3-1)。

大西沟萤石矿的成矿时代为燕山期。

矿区内断裂活动比较频繁,按断裂方位可分为3组。

(1)北东向断裂:美林-大西沟门大断裂,是锦山-赤峰大断裂的一段。该断裂西南自河北省境内的隆化起,北东至赤峰,长达152km,为隆化断线与锦山断块之分界。断裂分南、中、北3段,南段近南北向,中段北北东向,北段北东向。而在分布方向上呈弧形,但总的方向为北东向。沿断裂中段、北段的河谷地带有较规律的航磁负值异常反映,一般梯度较陡,延伸与断裂走向一致。在此主干断裂的两侧有次一级断裂及破碎带。

(2)北西向断裂:大西沟断裂,南东自大西沟门,向北至松树梁,长约10km。沿该大断裂形成大西沟河谷,断裂绝大部分被第四系掩盖,在大西沟河谷两侧多见断层三角面,该断裂也是发生在大西沟背斜的轴部。断裂产状较陡,倾向北东,倾角70°以上。该断裂的两侧又有次一级的小断裂沿断裂两侧岩石节理裂隙发育。

(3)北北东向断裂破碎带:南起汤土沟门,北至敖包甸子,长约7km,宽5~15m,走向北东5°~25°,倾向南东,倾角54°~78°,该断裂破碎带被晚期石英脉充填,与该断裂破碎带近于平行的又有较长的次一级断裂,这些断裂是良好的通道,大西沟萤石矿各矿体就产于这些断裂及破碎带中。

区内燕山期花岗岩体为矿体形成的母岩,从矿床资料中可以看出,矿体与断裂破碎带相重合,脉壁表面与断裂面形态相同,矿体产状与断裂破碎带的产状相同,从矿物共生组合和围岩蚀变来看,属于岩浆期后热液充填的产物,所以认为是热液充填脉状萤石矿床。

(六)昆库力矿区萤石矿

该矿床大地构造属天山-兴蒙造山系(Ⅰ),大兴安岭弧盆系(Ⅰ-1),海拉尔-呼玛弧后盆地(Pz)(Ⅰ-1-3)三级构造。

矿床的形成时代为海西中期,主要受到海西中期黑云母花岗岩影响。

矿区内构造发育,主要表现为断裂构造和沿断裂裂隙充填的脉岩。按构造方向可分为:东西向构造、北东向构造、北北东向构造、北北西向构造及北西向构造。其中 F_1、F_2、F_3、F_4 为成矿构造,并且均为断裂破碎带。

F_1、F_3 为北北西向构造,F_1 断裂宽1.4~4.35m。长约300m,走向330°~360°,倾向东,倾角52°~60°。破碎带内充填有石英脉及多条萤石矿脉,显张性特征。F_3 长大于200m,总体走向350°,倾向东,倾角多大于80°。

F_2、F_4 为北北东向构造,F_2 宽1.5~3.2m,长大于250m,走向10°~15°,倾向东,倾角80°~85°。其中充填有石英脉和萤石矿脉,并常见梳妆构造、晶洞或晶簇构造,断层面上发育沿倾向的残痕和阶步,显张性,表现为正断层特征。另外,在局部断层面上见有晚期水平擦痕,早期闪长玢岩脉被断层"左行"错开达18m,脉岩走向发生明显变化,说明该断裂具有多期活动特点,早期活动主要显张性,晚期为扭性。F_4 长大于250m,总体走向25°,倾向东,倾角70°~84°,其特征表现与 F_2 断裂基本相同。

该矿床为比较典型的热液充填型脉状矿床,矿体赋存于中粒黑云母花岗岩体中的断裂破碎带内,未见成矿后构造破坏,萤石矿脉的形态受断裂构造破碎带控制,产状与破碎带一致,呈陡倾斜产出。

四、典型矿床成矿要素

典型矿床成矿要素是对典型矿床在地质环境和矿床特征两方面的主要特征进行概括性的总结。地质环境包括构造背景、成矿环境、成矿时代;矿床特征包括矿体形态、岩石类型、岩石结构、矿物组合、结构构造、蚀变特征、控矿条件。列出了典型矿床的储量和平均品位,将成矿要素划分为必要、重要和次要3个等级。

各典型矿床成矿要素见表4-2～表4-7。

表4-2 苏莫查干矿区萤石矿成矿要素表

	成矿要素	描 述 内 容			要素分类
	储量	矿石量:20 330×10³ t; CaF_2:12 962.41×10³ t	平均品位	CaF_2:63.76%	
	特征描述	沉积-改造(层控内生)型层状萤石矿床			
地质环境	构造背景	蒙古弧形褶皱带与新华夏构造体系的复合部位			重要
	成矿环境	矿体赋存于大石寨组碳酸盐岩地层中,后期经过燕山晚期岩浆热液改造			重要
	含矿岩系	苏莫查干敖包萤石矿产于二叠系大石寨组三岩段,主要萤石矿体赋存于大石寨组三岩段底部,含矿岩性为结晶灰岩、矿化大理岩以及含矿角砾岩。围岩有流纹斑岩、碳质斑点板岩,矿体严格受地层控制			必要
	成矿时代	沉积成矿时代为二叠纪;改造成矿时代为燕山期			重要
矿床特征	矿体形态	层状、似层状			重要
	岩石类型	碳质板岩、绢云绿泥碳质板岩、绢云绿泥斑点板岩、结晶灰岩、大理岩			重要
	岩石结构	变余泥质结构、细粒变晶结构、隐晶质结构			次要
	矿物组合	矿石矿物:萤石; 金属矿物:黄铁矿、黄铜矿、闪锌矿、磁黄铁矿等; 脉石矿物:石英、方解石、蛋白石、玉髓、泥质、铁质等			重要
	结构构造	矿石结构:自形—半自形粒状结构、他形粒状结构、伟晶结构; 矿石构造:块状构造、纹层状构造、角砾状构造、同心圆状构造、梳状构造、蜂窝状构造、皮壳状构造、葡萄状构造等			次要
	蚀变特征	绢云母化、硅化、碳酸盐化、高岭土化、褐铁(锰)矿化等			重要
	控矿条件	褶皱构造			必要
		断裂构造			必要
		中二叠统大石寨组流纹斑岩、碳质板岩、结晶灰岩			必要
		白垩纪(燕山晚期)花岗岩侵入体			必要

表 4-3 东七一山矿区萤石矿成矿要素表

成矿要素		描 述 内 容			要素分类
储量		矿石量:680.13×10³t; CaF_2:555.39×10³t	平均品位	CaF_2:81.66%	
特征描述		低温热液充填型脉状萤石矿床			
地质环境	构造背景	本区以断裂构造为主,绝大多数与成矿有关,且为成矿前断裂,以北东向和近于南北向的两组断裂最为发育,为矿液运移和沉淀提供了良好的场所			重要
	成矿环境	萤石矿受构造控制,沿构造裂隙充填,矿体与围岩界线清楚,交代现象不明显			重要
	含矿岩体	本区萤石矿赋存于古生界中上志留统公婆泉组和海西中期细粒—中粗粒花岗岩体中,细粒—中粗粒花岗岩为本区萤石矿形成提供了丰富的物质来源和热源,是萤石矿的成矿母岩			必要
	成矿时代	石炭纪(海西期)			重要
矿床特征	矿体形态	矿体主要以脉状、囊状、扁豆状形式产出			重要
	岩石类型	中粗粒花岗岩、安山岩、英安岩、大理岩、安山质凝灰岩			重要
	岩石结构	细粒—中粗粒花岗结构、安山结构、凝灰结构			次要
	矿物组合	矿石矿物:萤石; 脉石矿物:石髓、石英、方解石、褐铁矿			重要
	结构构造	矿石结构:以他形—半自形细粒结构为主,次为自形中粗粒—巨粒结构; 矿石构造:以块状、条带状、晶洞状构造为主,次为同心圆状及角砾状构造			次要
	蚀变特征	高岭土化、褐铁矿化、硅化			重要
	控矿条件	断裂构造			必要
		石炭纪(海西期)细粒—中粗粒花岗岩体			必要

表 4-4 恩格勒矿区萤石矿成矿要素表

成矿要素		描 述 内 容			要素分类
储量		矿石量:281.9×10³t; CaF_2:175.4×10³t	平均品位	CaF_2:62.22%	
特征描述		热液充填型萤石矿			
地质环境	构造背景	华北地台西缘阿拉善台陆(地块)			重要
	成矿环境	印支期花岗岩岩浆热液沿南北向断裂充填,为成矿提供热源及成矿物质			重要
	含矿岩体	中粗粒花岗岩体本身含有萤石,并由该岩体与黑云母二长花岗岩提供成矿所必要的热源,致使形成一定规模的矿体			必要
	成矿时代	印支期			重要

续表 4-4

成矿要素		描述内容			要素分类
储量		矿石量:281.9×10³ t; CaF₂:175.4×10³ t	平均品位	CaF₂:62.22%	
特征描述		热液充填型萤石矿			
矿床特征	矿体形态	矿体倾向280°,倾角50°～70°,主要矿体呈脉状产出			重要
	岩石类型	岩性为硅化绢云母花岗岩、肉红色黑云母二长花岗岩、硅化电气石化花岗岩、细粒花岗岩			重要
	岩石结构	中粗粒残余结构、中粗粒花岗结构、交代残留结构			次要
	矿物组合	矿石矿物:萤石; 脉石矿物:石英、玉髓及围岩角砾			重要
	结构构造	矿石结构:以不等粒他形粒状结构为主,次为隐晶质结构、压碎结构; 矿石构造:块状、角砾状构造,次为条带状、环带状、网格状及蜂窝状构造			次要
	蚀变特征	以硅化、绢云母化为主,次为高岭土化、黄铁矿化及绿泥石化			重要
	控矿条件	矿体赋存于印支期黑云母花岗岩与奥陶纪蚀变闪长岩的接触带处,而花岗岩体本身含有萤石,与成矿有着密切的关系			必要
		矿体严格受断层控制,矿体与断层产状一致,与围岩界线清楚			必要

表 4-5 苏达勒矿区萤石矿成矿要素表

成矿要素		描述内容			要素分类
储量		矿石量:267×10³ t; CaF₂:128.6×10³ t	平均品位	CaF₂:47.48%	
特征描述		热液充填型萤石矿			
地质环境	构造背景	内蒙古海西褶皱带的南部,西拉木伦河大断裂的北侧			重要
	成矿环境	燕山晚期岩浆热液沿断裂破碎带缝隙侵入			重要
	含矿岩体	矿体产于构造破碎带内,矿体形成的母岩为角闪黑云花岗闪长岩,围岩为林西组,岩性为粉砂岩			必要
	成矿时代	燕山晚期			重要
矿床特征	矿体形态	矿体呈脉状,倾向南东,倾角50°,矿体斜向延伸110m左右			重要
	岩石类型	角闪黑云花岗闪长岩、辉长闪长岩			重要
	岩石结构	中粒花岗结构、半自形粒状结构			次要
	矿物组合	矿石矿物:萤石; 金属矿物:褐铁矿; 脉石矿物:以石英、方解石为主,次为玉髓、蛋白石、重晶石			重要
	结构构造	矿石结构:碎裂结构、他形粒状结构; 矿石构造:块状、角砾状构造,少量条带状、梳状构造			次要
	蚀变特征	硅化、高岭土化、绿泥石化、碳酸盐化			重要
	控矿条件	燕山晚期角闪黑云花岗闪长岩(与区域上黑云母花岗岩同属燕山期构造岩浆活动产物)是矿体形成的母岩,为矿体形成提供热源			必要
		断裂破碎带为矿体形成的主要场所,带内岩石极端破碎,具角砾状构造、糜棱岩化、擦痕面及萤石、方解石、石英脉等脉岩贯入,该带具多次构造活动,对成矿具有严格的控制作用			必要

表 4-6 大西沟矿区萤石矿成矿要素表

成矿要素		描 述 内 容			要素分类
储量		矿石量:277.74×10³t; CaF₂:210.27×10³t	平均品位	CaF₂:75.51%	
特征描述		热液充填型脉状萤石矿床			
地质环境	构造背景	属华北地台（Ⅰ级）北缘东段，内蒙地轴（Ⅱ级）赤峰-开源东西向构造带（Ⅲ）的西段，锦山-赤峰断裂（Ⅳ级）的西南端			重要
	成矿环境	北北东向断裂破碎带是热液的良好通道，矿床与石英脉密切相关			重要
	含矿岩体	侏罗纪（燕山早期）中细粒花岗岩体			必要
	成矿时代	侏罗纪—白垩纪（燕山期）			重要
矿床特征	矿体形态	脉状			重要
	岩石类型	下白垩统义县组凝灰岩、凝灰砂砾岩，侏罗纪中细粒花岗岩			重要
	岩石结构	凝灰结构、砂砾结构、中细粒花岗结构			次要
	矿物组合	矿石矿物：萤石； 金属矿物：赤铁矿、褐铁矿、黄铁矿； 脉石矿物：石英、长石、高岭土、绢云母、方解石等			重要
	结构构造	矿石结构：自形—半自形中粗粒结构、他形粒状结构； 矿石构造：致密块状、条带状、环带状、角砾状、嵌布状构造			次要
	蚀变特征	硅化、绢云母化、高岭土化、碳酸盐化			重要
	控矿条件	断裂构造			必要
		侏罗纪（燕山早期）中细粒花岗岩体			必要

表 4-7 昆库力矿区萤石矿成矿要素表

成矿要素		描 述 内 容			要素分类
储量		矿石量:54.4×10³t; CaF₂:40.3×10³t	平均品位	CaF₂:74.08%	
特征描述		热液充填型脉状萤石矿床			
地质环境	构造背景	内蒙古-大兴安岭海西中期褶皱系，大兴安岭海西中期褶皱带、三河镇复向斜内，德尔布尔-黑山头中断陷和东南沟中坳陷交会部位			重要
	成矿环境	成矿区域有较厚的陆壳，张性构造发育。矿床与钙碱质及次碱质酸性及中酸性岩浆活动相关			重要
	含矿岩体	石炭纪中粒黑云母花岗岩体			必要
	成矿时代	石炭纪			重要

续表4-7

成矿要素		描 述 内 容			要素分类
储量		矿石量:54.4×10³t; CaF₂:40.3×10³t	平均品位	CaF₂:74.08%	
特征描述		热液充填型脉状萤石矿床			
矿床特征	矿体形态	萤石矿体均呈单脉产出,可见尖灭再现、分支复合现象			重要
	岩石类型	中粒黑云母花岗岩体			重要
	岩石结构	花岗结构			次要
	矿物组合	矿石矿物:萤石、石英为主,偶见绢云母,萤石粒度为2~10mm,石英呈他形—半自形叶片状,细脉状沿萤石裂隙或晶体间隙充填分布			重要
	结构构造	他形—半自形粒状结构、结晶结构;块状构造、条带状构造、角砾状构造			次要
	蚀变特征	硅化			重要
	控矿条件	矿体产于石炭纪中粒黑云母花岗岩体中			必要
		萤石矿脉的形态受断裂构造破碎带控制,产状与破碎带一致,呈陡倾斜产出			必要

五、典型矿床成矿模式

(一)苏莫查干矿区萤石矿

该矿床大地构造位置属天山-兴蒙造山系(Ⅰ)、大兴安岭弧盆系(Ⅰ-1)、锡林浩特岩浆(Ⅰ-1-6)三级构造分区,Ⅲ级成矿区带属阿巴嘎-霍林河Cr-Cu(Au)-Ge-煤-天然碱-芒硝成矿带(Ym)(Ⅲ-7);Ⅳ级成矿区带分属苏莫查干敖包-二连萤石、锰成矿亚带(Ⅵ)(Ⅲ-7-④)。

萤石矿赋存于大石寨组第三岩段底部结晶灰岩中,严格受地层控制,呈层状产出,产状与围岩一致。在地表断续出露长2 200m,由东向西共圈出4个矿体,各矿体之间均被结晶灰岩相隔,经钻探证实,4个矿体深部连为一体。1号矿体长720m,平均厚4.4m,斜深1 000m,CaF₂ 41.15%~94.56%,平均72.67%;2号矿体长364m,平均厚3.9m,斜深400m,CaF₂ 39.42%~87.84%,平均62.03%;3号矿体长70m,平均厚1.6m,斜深400m,CaF₂ 55.87%~79.51%,平均66.45%;4号矿体长66m,平均厚1.9m,CaF₂ 23.42%~73.98%,平均51.61%。

矿石自然类型主要有:①残留的沉积萤石矿(纹层状菱铁矿-萤石矿、残留块状萤石矿);②弱改造型纹层萤石矿;③强改造型糖粒状萤石矿、角砾状萤石矿、条带状萤石矿、葡萄状萤石矿、伟晶状萤石矿、泥砂状萤石矿等,其中糖粒状萤石矿为本区主要自然类型。矿石成分主要为萤石50%~90%,其次为方解石、石英、菱铁矿、黄铁矿、硅质、泥质等。

围岩蚀变:以硅化、高岭土化及褐铁矿化为主,其次有绢云母化、碳酸盐化。这些蚀变均发育在萤石矿层的构造破碎带中。

该矿床为典型的沉积改造型矿床,即先期沉积形成矿体,后期经过多期次的热液叠加改造进而形成规模更大的矿体(图4-2)。

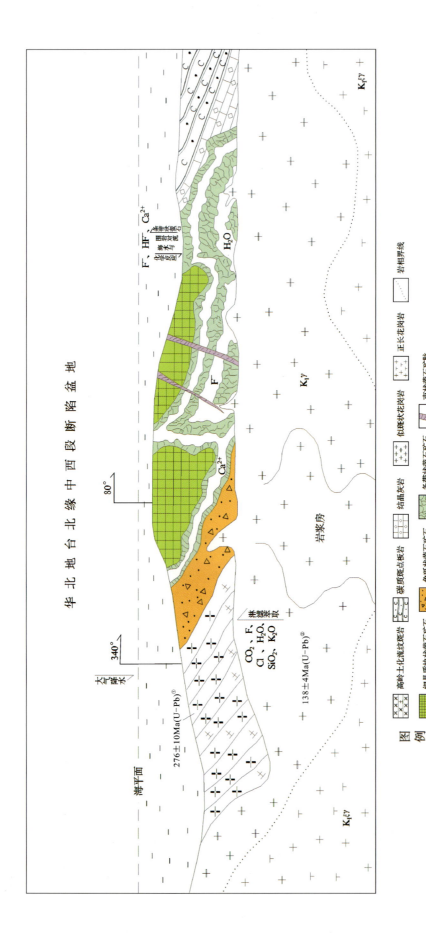

图 4-2 苏莫查干矿区萤石典型矿床成矿模式图

①、②据聂凤军、许东青、江思宏、等.内蒙古苏莫查干敖包萤石矿区流纹岩锆石SHRIMP定年及地质意义[J].地质学报,2009,83(4).

苏莫查干萤石矿床的形成过程主要由早、晚两个阶段构成，即海西晚期(276Ma)火山-喷发沉积阶段和燕山期岩浆热液阶段。根据以往研究结果，认为苏莫查干萤石矿床是不同来源和不同期次含矿热液活动的产物，矿石中的古大陆壳物质组分要远远多于幔源(或深源)物质组分。①海西晚期火山-喷发沉积阶段：海西晚期，华北陆台北缘中西段苏莫查干到西里庙一带有一系列规模大小不等和产出形态各异的裂陷盆地。各裂陷盆地内的火山喷发和沉积作用不仅形成有中二叠统大石寨组火山-沉积岩地层，而且还产出有纹层状和条带状萤石集合体以及富萤石块体(矿胚)。随着海底火山喷发活动的进行，一方面，挥发性组分(如CO_2、H_2、F^-、Cl^-、HF和SiF_4)和成矿元素(Ca、Na、K、Pb、Zn和Fe)随火山碎屑、火山灰和喷气进入海水或直接沉淀下来，进而造成氟和钙的初步富集；另一方面，火山活动亦可导致区域地热梯度不断增高和热泉活动加剧，并且构成海水与围岩的对流循环。在上述地质作用过程中，HF^-和F^-与Ca^{2+}发生化学反应，进而形成纹层状或条带状萤石矿体。②燕山期岩浆热液阶段：燕山期，区域性深大断裂的活化作用可诱发一定规模的中酸性岩浆活动。当深熔花岗质岩浆沿着有利构造部位上侵时，岩浆体系自身的结晶分异作用可促使大量挥发性组分CO_2、F^-、Cl^-、H_2O及SiO_2和K_2O等在岩浆房顶部或旁侧发生富集，进而形成富挥发性组分的花岗岩体。在构造薄弱地带，富挥发性组分流体可沿特定构造部位运移，并且对中二叠统大石寨组火山-沉积岩地层中的有用组分进行淋滤、萃取。在萤石成矿作用的早期阶段，含氟离子或氟络合物的热水溶液可通过岩(体)层粒间孔隙或原生冷凝细微裂隙进行扩散与运移，进而在构造有利地段形成微细粒和浸染状萤石和含萤石石英脉。鉴于该阶段没有明显大气降水混入，因此，其元素地球化学特征和同位素组成与岩浆水相似。随着成矿作用时间的推移和成矿体系的开放，大气降水和变质流体将会不断参与到成矿热液体系中来，并且与以岩浆水为主的含矿流体混合，进而形成混源型热液流体，由此所形成的萤石矿石，其元素地球化学特征和钕同位素组成与中二叠统大石寨组沉积岩的相似。另外，含氟混源热液流体对早期火山-沉积岩地层和萤石矿(化)体进行过不同程度的交代改造作用，水-岩反应主要表现在以下3个方面。

(1)混源流体与地层或矿化体中的钙质发生化学反应，进而形成萤石集合体，化学反应式如下：

$$2CaCO_3 + SiF_4 = 2CaF_2 + SiO_2 + 2CO_2$$
$$2CaCO_3 + 2F_2 = 2CaF_2 + 2CO_2 + O_2$$
$$CaCO_3 + 2HF = CaF_2 + H_2CO_3$$

(2)沉积岩地层中大量镁铁质矿物解体，释放出来的金属元素可与混源流体中的挥发性组分结合，进而形成萤石、黄铁矿、黄铜矿、绢云母和绿泥石。

(3)受混源流体对早期萤石矿(化)体改造作用影响，许多微细粒萤石晶体发生明显次生长大现象，局部地段形成伟晶状集合体。在萤石成矿作用的晚期阶段，随着成矿流体中钙与氟的大量析出，成矿体系温度和压力的进一步降低，残余热水溶液在构造有利地段形成一些骨架状、葡萄状、钟乳状和瘤状萤石集合体。在此之后，含钙、硅、铁和锰的热液流体在萤石矿体裂隙面或在孔穴壁上形成方解石晶簇(脉)、石英晶簇和铁锰质细脉。

(二)东七一山矿区萤石矿

该矿床大地构造位置属天山-兴蒙造山系(I)、额济纳旗-北山弧盆系(I-9)、公婆泉岛弧(I-9-4)三级构造分区。Ⅲ级成矿区带属磁海-公婆泉Fe-Cu-Au-Pb-Zn-W-Sn-Rb-V-U-P成矿带(Ⅲ-2)；Ⅳ级成矿区带分属石板井-东七一山W-Mo-Cu-Fe-萤石成矿亚带(Ⅲ-2-①)。

矿区内共发现地表矿体200余个，散布矿区，其中较大的矿体37个，根据矿体的分布规律，成群出现和略有分段集中的特点，分4个矿段，叙述如下。

Ⅰ矿段：位于酒泉县萤石矿驻地以东，矿体呈脉状产出，以南北向的矿体为主，矿体一般长一二百米，厚几十厘米，较大的矿体8个，其中8号矿体为区内规模最大，矿石质量较好的一个矿体，长570m，呈南北向延伸，向西倾斜，上陡下缓，平均倾角66°，平均厚度3.46m，深部有变厚的趋势。CaF_2品位

91.72%，矿石质纯，色彩鲜艳，具彩色条带，部分矿石可作工艺原料。

Ⅱ矿段：位于原额济纳旗采矿队驻地西侧和北侧，以南北向和北东向的矿体为主。北西向的矿脉极不发育，矿体形态复杂，呈脉状、网脉状。矿体一般长12m至100多米，厚几十厘米至十几米。较大的矿体12个。以10号矿体规模最大，长376m，其走向倾向与8号矿体相同，平均倾角58°，平均厚度0.91m，向下厚度变薄，矿石中捕虏体和杂质增多，矿体上部矿石结构致密，色彩艳丽，质纯，油脂光泽强，是地表矿石质量最好的矿体，部分矿石可作工艺原料。

Ⅲ矿段：位于原5415部队采矿队驻地北面，以北东向的扁豆状矿体最为发育，次为近于南北的脉状矿体，较大的矿体有17个，以23号、24号、28号、29号4个扁豆状矿体规模最大，该组矿体呈北东30°~45°方向分布，倾向南东，倾角69°~85°，形态复杂，一般厚几米至十几米，长几十米至一百多米，延长、延深均不稳定，矿体内发育有大小不等的晶洞构造，含较多的蚀变围岩角砾及石英、褐铁矿质杂质。CaF_2的含量一般在70%左右。

Ⅳ矿段：位于Ⅲ矿段以西，矿体产于大理岩中，沿290°~300°方向展布，因充填和交代作用的结果，矿体呈形态复杂的囊状，经个别采矿坑揭露，证实矿体延深小，几米内迅速尖灭，矿石质量差，含较多的石髓。

另外，在大理岩与花岗岩体接触带附近，发现8个矽卡岩型赤-磁铁矿（化）体，一般长10m左右，宽1~5m，目估全铁含量约40%，因规模太小，无工业价值。

矿石矿物为萤石，脉石矿物为石髓、石英、方解石、褐铁矿及蚀变围岩角砾，矿体地表裂隙中常有次生石膏、白垩充填。

扁豆状、囊状矿体成分复杂，除萤石外，尚含上述所有的脉石矿物及蚀变围岩角砾，脉状矿体成分简单，脉石矿物含量少，往往分布于矿体的边部。

矿石的化学成分主要为CaF_2，脉状矿体的含量一般大于90%，扁豆状、囊状矿体的含量为70%左右，前者品位稳定，后者变化较大，两种形态的矿体中CaF_2的含量为56.06%~98.89%，次为SiO_2。脉状矿体一般只含百分之几，个别地段可达百分之十几，扁豆状、囊状矿体一般只含20%左右，不同形态的矿体SiO_2含量为0~37.7%，CaF_2和SiO_2在矿体中互为消长关系，S的含量低于1%。

矿体中矿石化学成分由东向西CaF_2有渐减、SiO_2有渐增的趋势。

矿石类型分为块状矿石、条带状矿石、晶洞状矿石、同心圆状矿石及角砾状矿石，以前3种为主，后两种少见。

矿石结构，以细粒为主，次为中粗粒及自形巨粒。脉状矿体以细粒结构为主，扁豆状和囊状矿体以中粗粒和自形巨粒为主。

矿石构造分为块状、条带状、晶洞状、同心圆状及角砾状，分述如下。

块状构造：是本矿区最发育的一种构造，不同形态的矿体中均可见，由不同粒度的萤石紧密堆积而成，脉石矿物含量少。

条带状构造：是矿区内常见的构造之一，产于脉状矿体的边部，为由不同颜色的萤石或石髓条带相向排列而构成的一种彩色分带现象，矿石美观，但经日光长期暴晒和加热后会褪色变白。

晶洞状构造：发育于扁豆状、囊状矿体中，晶洞大小几厘米至十几厘米不等，晶洞中石英、萤石晶簇发育，近地表的晶洞内有褐铁矿、泥质、碳酸盐充填。

同心圆状构造：同心圆的核心为石髓，蚀变围岩为角砾或粗粒萤石，其外包围着一层层厚0.5~12cm不同颜色的萤石。

角砾状构造：此种构造少见，出现在部分矿体的边部，角砾由萤石组成，胶结物为石髓。亦见相反的现象，即石髓或蚀变围岩角砾被萤石胶结而形成的网脉状矿石，上述均为构造复杂二次成矿的产物。

近矿围岩蚀变有高岭土化、赤铁矿化、硅化质。

高岭土化：在矿体顶底板分布较广，平行矿体呈带状分布，岩石呈灰白色疏松多孔的土状，仅石英颗粒保存完好，以中酸性火成岩蚀变最为强烈。

蚀变带的宽度与矿体厚度成正比,扁豆状、囊状矿体两侧蚀变带宽度达十几米,脉状矿体两侧宽 1m 左右,靠近矿体蚀变强,往外渐减弱。

铁化:多见于脉状矿体两侧,平行矿体呈带状分布,往往与高岭土化相伴随,是赤铁矿渗透和交代围岩所致,岩石颜色变红,地表裂隙发育处,褐铁矿化增强,颜色变暗,该层质软似断层泥,不稳固,厚度小于 1m。

硅化:在矿体两侧断续出现,蚀变带宽几十厘米至几米,以大理岩及火山碎屑岩蚀变最强。

海西晚期,一系列的区域性深大断裂活化作用致使发生一定规模的中酸性岩浆活动。当岩浆热液沿着有利的构造部位上侵时,来自壳源的成矿物质伴随热液一起运移,随着温度的降低,岩浆体系结晶,并挥发出大量的 F^-、H_2O、SiO_2 等,在岩浆房的顶部或者岩浆房侧壁富集,含氟离子的热水溶液通过已冷凝成岩的岩体间隙或微裂隙进行扩散,在构造有利位置,大量的挥发组分以及流体沿断裂充填,形成囊状、扁豆状矿体,残温的作用下,在已形成的矿体周围形成石英脉,矿体与围岩界线清楚,交代现象不明显,围岩蚀变以高岭土化为主,矿物成分简单,无典型的高、中温矿物,故初步认为该矿床为裂隙充填的低温热液脉状萤石矿床(图 4-3)。

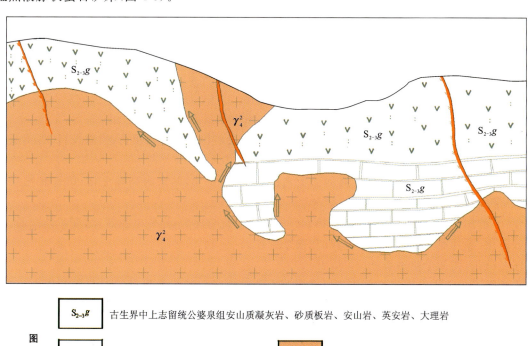

图 4-3 东七一山矿区萤石矿典型矿床成矿模式图

(三)恩格勒矿区萤石矿

该矿床大地构造位置属华北陆块区(Ⅱ)一级构造分区、阿拉善陆块(Ⅱ-7)二级构造分区、迭布斯格-阿拉善右旗陆缘岩浆弧(Ⅱ-7-1)三级构造分区,Ⅲ级成矿区带属阿拉善(台隆)Cu-Ni-Pt-Fe-REE-P-石墨-芒硝-盐成矿亚带(Pt、Pz、Kz)(Ⅲ-3);Ⅳ级成矿区带分属碱泉子-卡休他他-沙拉西别 Au-Cu-Fe-Pt 成矿亚带(C、Vm、Q)(Ⅲ-3-①)。

矿体形态:矿体充填于断层中,严格受断层控制,矿体产状与断层一致(总体走向近南北,西倾),矿体与围岩界线清楚，矿体顶、底板均为花岗岩。

Ⅰ号矿体：充填于断层中，分南北两部分，南段呈南北走向，北段呈北东走向。南段萤石矿：地表出露长265m，沿走向两端宽、中间窄，矿体走向10°，倾向280°，倾角50°～70°，延深大于150m（斜距）为矿区主体矿。北段萤石矿体：地表出露长70m，宽1～3.7m，走向北东，倾向北西，倾角55°～85°。

Ⅱ号矿体：为Ⅰ号矿体南段的分支矿体，地表出露长100m，宽0.2～0.7m，向北尖灭。

矿物成分：矿石矿物主要为萤石，呈紫色、绿色、粉红色、淡黄色及无色，以中粗粒（一般3～5mm，最大可达10～20mm）为主，细粒（小于0.5mm）次之，萤石占矿石的30%～85%。

主要脉石矿物为石英及玉髓，部分矿石中含有不等的围岩角砾成分。

化学成分：矿石的主要化学成分为CaF_2含量31.04%～93.53%，SiO_2含量63.28%～4.27%，其次Fe_2O_3含量1%左右，P、S都小于1%。

矿石类型：按有用矿物组合分为萤石型、石英-萤石型及萤石-石英型。

萤石型：占萤石矿的5%以下，主要为无色、浅黄色、紫色、蓝色。

石英-萤石型：约占萤石矿的70%以上，为紫色、蓝色、绿色及无色。

萤石-石英型：约占萤石矿的25%，为浅紫色、浅蓝色，少数无色。

以上3类型矿石间的界线不清，无明显分布规律，在矿内一般不能单独圈定。

矿石结构：主要为不等粒他形粒状结构，少数为隐晶质及压碎结构。

矿石构造：主要为块状、角砾状，少数为条带状、网格状及蜂巢状。

恩格勒萤石矿因矿石类型不同，萤石含量也有差异。其中以萤石型矿石质量最好，CaF_2含量85%以上；石英-萤石型次之，CaF_2含量55%～85%；萤石-石英型最差，CaF_2含量30%～55%。

花岗岩：浅肉红色，中细—中粗粒结构，块状构造，主要矿物为酸性斜长石、微斜长石、石英及少量黑云母。

围岩蚀变特征：近矿围岩中最普遍的蚀变为硅化、绢云母化，其次为高岭土化、黄铁矿化及绿泥石化，蚀变分带不明显。

硅化：一般在矿体两侧，以团块状、粒状或硅质细脉交代花岗岩，近矿处强烈，远离矿体减弱。

绢云母化：发育在硅化带外围，或与硅化混杂存在。

矿体与硅化、绢云母化关系密切。

恩格勒萤石矿产于蚀变闪长岩与花岗岩接触带及花岗岩中和花岗岩中的南北向断层中，矿体为多期成矿并受断层严格控制，与围岩界线清楚，据矿物共生组合、矿石结构、构造及围岩蚀变特征，该矿床为岩浆期后中低温气液充填型脉状矿床。

成矿物质的主要来源认为来自于壳源，印支早期造山运动使本区遭受南北向及北西向挤压和拉伸，形成一系列的断陷与台隆，在华北地台西缘，由于造山运动的影响，张扭性、压扭性区域大断裂贯穿整个区域，岩浆活化作用的影响下，壳源热液流动，伴随深部的H_2O、SiO_2以及氟离子一起顺着次一级的裂隙上移，此时温度较高，随着热液的上升，温度逐渐下降，热液冷凝成岩，一部分氟离子能过冷凝成岩的孔隙挥发并扩散，而没有挥发出岩体的H_2O、SiO_2以及氟离子则残留在岩体中，进一步结晶富集，形成小矿体，挥发出岩体的氟离子等混合地下热水与部分大气降水沿构造裂隙流动，在温度达到较低时，结晶富集，由于构造形态的控制，形成与构造产状一致的脉状萤石矿体（图4-4）。

（四）苏达勒矿区萤石矿

该矿床大地构造位置属天山-兴蒙造山系（Ⅰ）一级构造分区、大兴安岭弧盆系（Ⅰ-1）二级构造分区、锡林浩特岩浆弧（Ⅰ-1-6）三级构造分区，Ⅲ级成矿区带属林西-孙吴Pb-Zn-Cu-Mo-Au成矿带（V1、I1、Ym）（Ⅲ-8）；Ⅳ级成矿区带分属莲花山-大井子Cu-Ag-Pb-Zn成矿亚带（Ⅲ-8-③）。

矿区内仅有一条工业矿体，分布于东段破碎带内，长300余米，厚2～11m，平均厚4.97m，矿体斜向

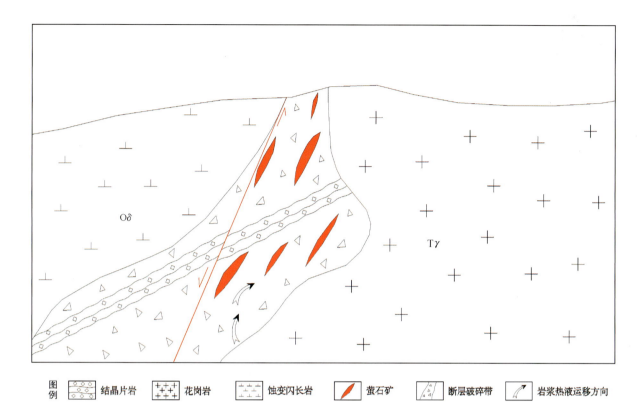

图 4-4 恩格勒矿区萤石矿典型矿床成矿模式图

延伸 110m，矿脉产状与断裂破碎带基本一致，走向北东 20°～40°，倾向南东，倾角 50°左右。

矿体产出形态规整，北东较宽，向南西逐渐收缩变窄直至尖灭，从斜向延深看近地表部分宽，有越向下延深越变窄的趋势。在局部矿段有膨胀及分支复合现象，另外在矿体两侧均见有细网脉状萤石脉，构成矿化带，其矿化带亦是北东端宽 20 余米，且萤石脉较密集，向南西端逐渐变窄，萤石细脉也渐少，直至 550m 左右尖灭。矿化带西段矿化较弱，较大萤石脉仅有两条，长分别为 70m、40m，宽 10～30cm，未能构成工业矿体。

矿脉中矿石矿物由各种颜色的萤石组成，脉石矿物以石英和方解石为主，含少量玉髓、蛋白石、褐铁矿、重晶石及微量硫和磷等。萤石和方解石多在矿脉中呈较大的团块或结核产出，萤石团块大或团块数量较多时，则方解石团块小或较小，反之方解石团块大或较多时则萤石变少。

矿区内萤石由樱红、紫红、浅红、深绿、浅绿、淡蓝、浅黄、白色等颜色组成，另外在晶洞中偶见有光学萤石和冰洲石。其杂色萤石均为玻璃光泽，呈半透明状态，性脆易破碎。矿石多为碎裂结构，有少量他形结构，块状构造和角砾状构造（包括正、负角砾和复角砾构造），具有少量条带状和梳状构造。矿石类型主要为方解石-萤石型，次为石英-方解石-萤石型。

矿体两侧的围岩及夹石均具有强烈萤石化、硅化、碳酸盐化、高岭土化、绿泥石化等蚀变的碎裂粉砂岩。其围岩蚀变带宽约 20m，在近矿体处蚀变较强，越远离矿体蚀变逐渐减弱。

本矿区的萤石由红、紫、绿等多种鲜艳醒目的颜色组成，因此地表上色调鲜艳的残坡积碎石是直接的找矿标志，矿区中的硅化、高岭土化、绿泥石化及碳酸盐化等蚀变是寻找萤石矿的间接标志。

在矿区北东角发育有燕山晚期角闪黑云花岗闪长岩体，经同位素测定，该岩体年龄为 132.7～93.9Ma，成矿物质主要来源于壳源。同时在岩体的南西侧又具有与岩体相接的北东向断裂破碎带，为区内萤石矿成矿作用提供了前提条件，角闪黑云花岗闪长岩副矿物中萤石含量较多，且氟元素丰度也偏高。因而该岩体的期后热液流体含大量的 CaF_2，沿断裂破碎带运移富集成矿。据矿体中不同类型矿石和穿插关系,萤石成矿作用大致分为3个阶段:第一阶段萤石热液胶结了黄绿色粉砂岩角砾,为负角砾构造;第二阶段(主要成矿阶段)矿液胶结前阶段被破碎的矿石,形成了块状矿石和角砾状矿石;第三阶段矿液充填裂隙呈脉状矿体切割了前两者。依据矿床中矿物组合,并未见有高温的八面体萤石和石英,故认为该矿应属中低温热液充填脉状矿床(图4-5)。

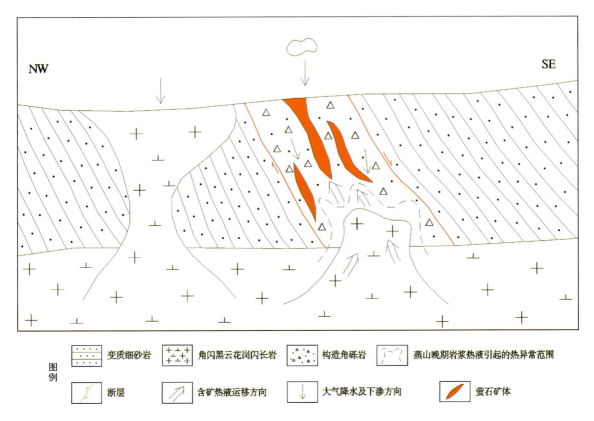

图4-5 苏达勒矿区萤石矿典型矿床成矿模式图

(五)大西沟矿区萤石矿

矿床大地构造位置属华北陆块区(Ⅱ),大青山-冀北古弧盆系(Pt_1)(Ⅱ-3),恒山-承德-建平古岩浆弧(Pt_1)(Ⅱ-3-1)。Ⅲ级成矿区带属华北地台北缘东段Fe-Cu-Mo-Pb-Zn-Au-Ag-Mn-磷-煤-膨润土成矿带(Ⅲ-10);Ⅳ级成矿区带分属内蒙古隆起东段Fe-Cu-Mo-Pb-Zn-Au-Ag-Mn-磷-煤-膨润土成矿带(Ⅲ-10-①)。

矿区出露9条矿体,主要矿体为2号、3号矿体。

2号矿体南起头道沟,北至画匠沟,河谷被第四系掩盖,地表断续出露长1 550m,深部在850m水平标高,矿体有4处不连续地段,最大间断距离40m,矿体走向近南北向,倾向东,局部走向变化范围±8°之间。地表走向呈舒缓波状,向深部亦如此,矿体最大倾角67°,最小倾角54°,局部地表倾角72°。

沿走向厚度变化从0.1~2.3m,呈明显的串珠状,两条矿体相交处厚度变大,二道沟与三道沟之间有脊梁处、1号矿体与2号矿体相交处,矿体最大厚度2.3m,在三道沟北坡1号坑北280m处,矿体会合部位厚1.5m。

三道沟以北,矿体的直接围岩60m以上是凝灰岩,60m以下和三道沟以南矿体的直接围岩是花岗岩。CaF_2平均含量71.41%。

矿体受断裂破碎带控制,断裂破碎带的宽窄和围岩蚀变的强度,决定了矿体的厚度,矿体与裂隙一致。

3号矿体分为3段,通过浅井及小平巷揭露,地表不连续,呈雁行状排列。

3-1号矿体:位于三道沟的两叉沟之间,出露长250m,呈南北向,倾向东,倾角51°～65°,地表矿体的直接围岩是凝灰岩,深部为花岗岩,由于断裂破碎带宽度不大,围岩蚀变也较弱,萤石质量较差,深部矿化较弱。平均厚度0.37m,CaF_2平均品位73.28%。

3-2号矿体:南起三道沟,北至画匠沟,出露长400m,45线以南走向北北西,45线以北走向北北东,走向变化在±12°之间,倾向东,倾角66°～79°。地表矿体厚度0.71m,向深部逐渐变薄,CaF_2平均品位62.82%。

3-3号矿体:没有更多的地质工作,因地表矿石质量较差,属含萤石的石英脉。地表走向北北东,倾向东,长150m,深部产状不详。

含矿物质来源于壳源以及幔源,燕山期花岗岩高温碱性流体与岩体发生的钾化和继之发生的钠化,不仅形成了相应的蚀变带,而且可使早期进入的矿化组分活化进入流体,同时流体向酸性方向转化。当岩体与化学性质不活泼的围岩接触时赋矿化组分流体在岩体突起部位及边部集中并且在岩体内外接触带沿裂隙发生充填交代作用形成石英脉型矿床。

从矿体的空间上看,矿体与断裂破碎带相重合,脉壁表面与断裂面形态相同,矿体产状与断裂破碎带的产状相同,从矿物共生组合和围岩蚀变来看,属于岩浆期后热液充填的产物,所以认为是热液充填脉状萤石矿床(图4-6)。

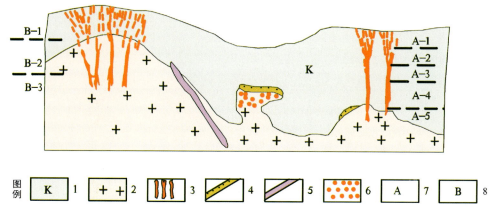

图4-6 大西沟矿区萤石矿典型矿床成矿模式图

1.安山岩、凝灰岩、凝灰质砂砾岩;2.花岗岩;3.石英脉型矿床;4.伟晶岩型矿床;5.云英岩型矿床;
6.花岗岩型矿床;7."五层楼"结构[A-1.线脉带、A-2.细脉带、A-3.细-大脉带、A-4.大脉带;
A-5.尖灭带];8."三层楼"结构[B-1.线细脉带;B-2.大(细)脉带;B-3.尖灭带]

(六)昆库力矿区萤石矿

该矿床大地构造位置属天山-兴蒙造山系(Ⅰ),大兴安岭弧盆系(Ⅰ-1),海拉尔-呼玛弧后盆地(Pz)(Ⅰ-1-3)三级构造。Ⅲ级成矿区带属新巴尔虎右旗(拉张区)Cu-Mo-Pb-Zn-Au-萤石-煤(铀)成矿带(Ⅲ-5);Ⅳ级成矿区带分陈巴尔虎旗-根河Au-Fe-Zn-萤石成矿亚带(Cl,Ym-l,Ym)(Ⅲ-5-②)。

矿区内共有5条矿脉,其中地表都具有出露。萤石矿脉的形态受断裂构造破碎带控制,产状与破碎带一致,呈陡倾斜产出。

萤石矿体均呈单脉产出,可见尖灭再现、分支复合现象。矿体规模较小,矿体长60～180m。其中Ⅰ、Ⅰ-1、Ⅱ、Ⅱ-1号矿体属富矿性,产于张性破碎带内,其膨缩具有一定的规律性,平面上在走向变化转折端处变厚,剖面上产状由缓变陡处矿体由薄变厚,平均品位74.14%～87.56%。Ⅲ号矿体的含矿构造为一压性破碎带,矿石属贫矿性,平均厚度1.65m,平均品位34.77%。

矿石自然类型主要为石英-萤石型,萤石型次之。Ⅲ号矿体为贫矿型工业矿体,矿石自然类型为石英-萤石型。

矿体产于海西期黑云母花岗岩体中的断裂破碎带内,且矿床矿化具有多期次特点,主要按含矿构造期次分为两期矿化。

第一期次,岩浆热液流动,带动来自壳源与幔源的赋矿元素沿构造裂隙及破碎带运移,形成矿体,在矿体内见有晚期的硅质团块内包裹早期的硅质角砾。

第二期次,岩浆再次活动,形成的矿体切割第一期次的矿体,且矿化较第一期矿化更为强烈,品位更高。矿体既在张性构造中产出,亦在压性构造中可见,张性构造中的矿石结构以致密块状为主,见有条带状构造,但在压性构造中矿石呈浸染状、角砾状,矿石品位较低。

综上,矿体形成具有多期次特点,与构造和岩浆活动密不可分,属充填型脉状矿床(图4-7)。

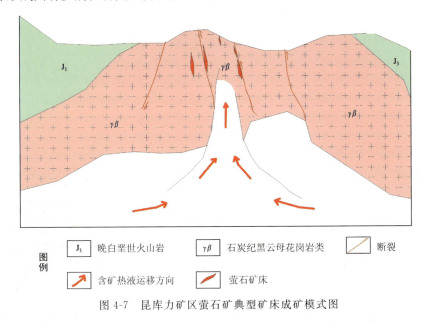

图例 J₃ 晚白垩世火山岩 γβ 石炭纪黑云母花岗岩类 断裂
含矿热液运移方向 萤石矿床

图4-7 昆库力矿区萤石矿典型矿床成矿模式图

第二节 地球物理特征

一、苏莫查干敖包-敖包吐预测工作区

(一)典型矿床重力特征

苏莫查干敖包萤石矿位于布格重力相对高值区与相对低值区接触带上,接触带走向由东西向转为北东向,萤石矿就位于异常走向改变的拐点处。矿床所在处布格异常Δg为$-150.00\times10^{-5}\mathrm{m/s^2}$,矿床西侧为异常相对低值区,东侧为相对高值区。剩余重力异常图上,矿床位于剩余重力正异常与负异常的交替带上,矿床位于负异常一侧,异常值Δg为$(-4\sim-1)\times10^{-5}\mathrm{m/s^2}$,区内出露大面积二叠纪花岗岩,

故该异常由酸性岩体引起。苏莫查干敖包萤石矿床东侧为剩余正异常,地表零星出露元古宇,所以该正异常为元古宇基地隆起所致。

(二)预测工作区重力特征

预测区已完成1:20万重力测量工作,但因预测区范围较小,故布格重力异常特征并不明显。布格重力异常在区域上表现为近东西向相对高值带,北侧相对低,南侧相对高。北侧布格重力异常相对低值区对应形成剩余重力负异常是酸性岩体的反映。预测区南端近东西走向的面状剩余正异常,由两个局部异常组成,区内大面积出露二叠纪地层,故该正异常与古生界基底隆起有关(图4-8)。

在该预测工作区推断断裂构造8条、地层单元3个,中—酸性岩体1个,中—新生界盆地2个(图4-9)。

二、神螺山预测工作区

(一)典型矿床重力特征

矿床位于一明显的重力高与重力低区的分界处,故推断此处有一断裂存在。萤石矿所在处布格重力异常值为$-220.00 \times 10^{-5} \text{m/s}^2$。剩余重力异常图上,神螺山萤石矿位于G蒙-872近东西向展布的剩余重力正异常区西侧边部,Δg为$(1.0 \sim 2) \times 10^{-5} \text{m/s}^2$,异常极大值为$11.48 \times 10^{-5} \text{m/s}^2$。

神螺山萤石矿剩余重力异常和布格重力异常的展布形态、分布范围基本一致,重力高主要与古生界基底隆起有关;而神螺山萤石矿体主要赋存于下二叠统哲斯组第一岩组砾岩、砂岩、凝灰岩、凝灰质砂岩中,说明神螺山萤石矿所在区域的重力特征反映了其成矿地质环境。

(二)预测工作区重力特征

预测区范围较小,与典型矿床范围基本一致。

预测工作区布格重力异常在区域上表现为相对低值带,位于内蒙古自治区西部柳园裂谷最南端,其值一般为$\Delta g (-233.02 \sim -207.72) \times 10^{-5} \text{m/s}^2$。从剩余重力异常图上看,中部布格重力低对应形成重力负异常L蒙-871,异常形态呈北东向展布的长哑铃状,该区域地表被白垩系赤金堡组砂岩、砾岩覆盖,故预测区中部重力低为凹陷盆地引起。

预测区重力高主要与古生界基底隆起-凹陷有关,神螺山萤石矿南侧重力低为酸性侵入岩引起。

预测工作区内断裂构造较发育;地层单元呈带状、面状沿近东西向分布;中—新生界盆地呈似哑铃状;中—酸性岩体呈似椭圆状分布,在该预测工作区推断解释断裂构造9条,中—酸性岩体2个,中—新生界盆地1个,地层单元2个。

三、东七一山预测工作区

(一)典型矿床重力特征

矿床所在区域为重力低值区,重力异常值范围Δg为$(-194.33 \sim -186.00) \times 10^{-5} \text{m/s}^2$。区内侵

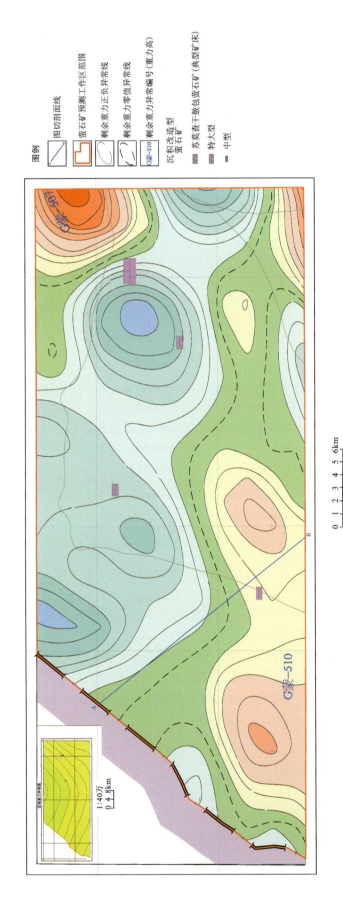

图 4-8　内蒙古自治区苏莫查干敖包-敖包吐预测工作区剩余重力异常图

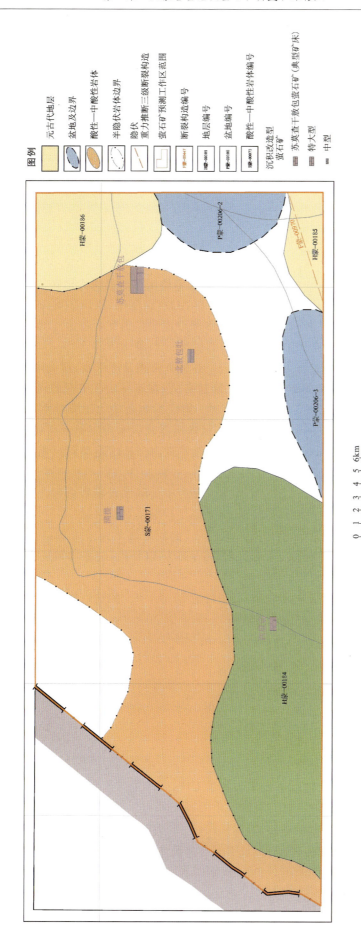

图4-9 内蒙古自治区苏莫查干敖包-敖包吐预测工作区重力推断地质构造图

入岩分布较广,岩浆活动明显,北西向大断裂横蛮山-乌兰套海断裂(F 蒙-02025-⑧)通过典型矿床南侧,致使典型矿床所在区域古生界、太古宇、元古宇基底起伏变化明显,同时区内又伴有岩浆活动,故东七一山典型矿床所在区域地质条件复杂。重力高主要为老地层基底隆起及局部超基性岩体引起,重力低为岩浆活动侵入的酸性岩体引起。

东七一山萤石矿床位于近北东向带状重力负异常北侧,剩余重力异常值 Δg 为 $-7.58 \times 10^{-5} \mathrm{m/s^2}$,该区域为公婆泉岩浆岩带分布区,岩浆活动为萤石矿富集提供了丰富的物质来源和热源,所以岩浆岩控制本区萤石矿比较明显。

(二)预测工作区重力特征

预测区布格重力异常在区域上表现为相对低值带,预测区北部为岩浆岩带分布区。因受区域构造单元控制,异常多呈北西向展布。北西向大断裂横蛮山-乌兰套海断裂(F 蒙-02025-⑧)通过预测区南部,沿深大断裂带侵入了大量的中—酸性岩浆岩,并致使老地层基底起伏变化更为明显。

因预测工作区内只开展了 1∶100 万重力测量工作,工作程度低,故局部重力异常特征反映并不明显。预测工作区内剩余重力正、负异常相间分布。中部形成明显的剩余重力正异常带 G 蒙-844、G 蒙-846,中部及南北两侧形成多个剩余重力负异常,如 L 蒙-845、L 蒙-843 等。

其中呈北西向展布的剩余重力正异常 G 蒙-846 由 3 个局部异常组成,这一带主要出露古生代、元古宙地层,所以该异常主要与古生界、元古宇基底隆起有关;在该异常区中部的局部异常最大值 Δg 为 $7.66 \times 10^{-5} \mathrm{m/s^2}$,该区域还有基性岩出露,故认为这一地段的剩余重力正异常由基性岩和古生代地层的共同作用引起。编号 G 蒙-844 剩余重力正异常,区内出露较多太古宙黑云斜长片麻岩,故该异常与太古宇基底隆起有关;其西侧的面状局部剩余重力正异常区内多处出露奥陶纪地层、超基性岩体,故推断此处正异常由古生代地层与基性岩共同作用引起(图 4-10)。

因区内岩浆活动明显,故预测区内重力负异常主要为中—酸性岩浆岩引起。只有预测区北侧边部的带状负异常 L 蒙-843 区内普遍被第四系覆盖,故是新生代坳陷盆地引起。

预测工作区推断断裂构造以北东向和北西向为主;推断地层单元呈带状,对应剩余重力正异常;中—新生界盆地呈近东西向带状分布,中—酸性岩体呈面状和带状,二者均与区内的剩余重力负异常对应。

在该预测工作区推断解释地层单元 6 个,断裂构造 26 条,中—酸性岩浆岩活动区(带)1 个,中—酸性岩体 5 个,中—新生界盆地 1 个(图 4-11)。

四、哈布达哈拉-恩格勒预测工作区

(一)典型矿床重力特征

典型矿床所在区域只开展了 1∶100 万重力测量工作,工作程度较低,故布格重力异常变化不明显,布格重力异常呈南东重力高、北西重力低的特点,重力高与重力低的分界处为宝音图断裂(F 蒙-02035-(23))所在处,且为两个构造单元的分界处,正因如此,致使布格重力异常多呈北东向展布。

典型矿床所在区域分布有大量的太古宙毕级尔台片麻杂岩,在此背景下由于岩浆活动侵入了大量印支期中—酸性岩体($T_2\eta\gamma$)及超基性岩体($Pt_2\sigma$),故形成局部重力高与重力低。

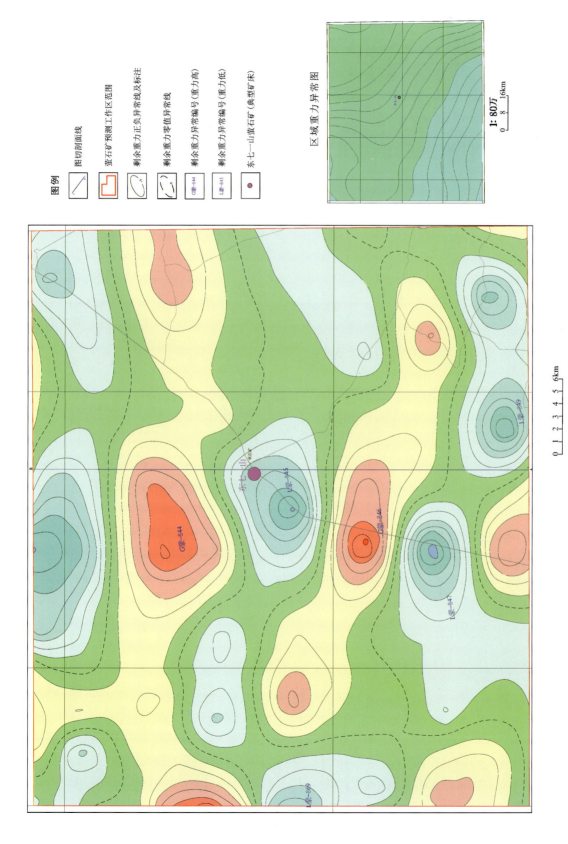

图 4-10 内蒙古自治区东七一山预测工作区剩余重力异常图

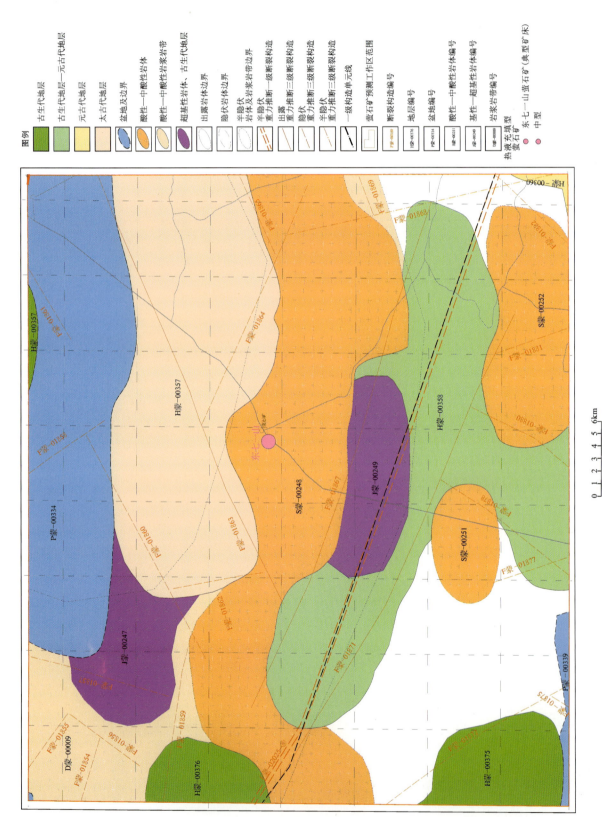

图 4-11 内蒙古自治区东七一山预测工作区重力推断地质构造图

恩格勒萤石矿位于呈北东向展布、由3个局部异常组成的负异常区边部,极值变化范围 Δg 为 $(-5.89\sim-5.75)\times10^{-5}\,\mathrm{m/s^2}$,该处出露较多二叠纪、三叠纪花岗岩体,故由酸性岩体引起,萤石矿即产于此套岩浆岩中。矿床北侧为元古宇基底隆起区。

由前可知寻找与恩格勒同类型萤石矿的有利位置应为:重力高与重力低的接触带部位,即岩体与元古宇的内外接触带。

(二)预测工作区重力特征

预测工作区西临巴丹吉林沙漠重力空白工作区,东部为狼山-渣尔泰山-大青山重力高值区西缘。预测工作区布格重力异常总体显示为重力相对低值带,正处于全区解释推断的酸性岩浆岩带分布区。由预测工作区的地质构造建造图可见,预测区内亦有多处酸性岩体出露。布格重力异常呈东部相对高、西部相对低的特点。极值由东到西 Δg $-200.65\times10^{-5}\,\mathrm{m/s^2}$ — $-179.20\times10^{-5}\,\mathrm{m/s^2}$ — $-177.09\times10^{-5}\,\mathrm{m/s^2}$ — $-147.37\times10^{-5}\,\mathrm{m/s^2}$,呈逐渐降低的趋势。

由剩余重力异常图可见,预测区西部多处形成近东西向展布的正负相间的重力异常。西部区形成的两处近东西走向的剩余重力负异常,为老地层凹陷区,在其上形成断陷盆地,断陷盆地内主要沉积了一套白垩系河湖相沉积岩类。两处断陷盆地中间正异常、预测区西南侧边部及东南角重力正异常均为太古宇基底隆起区。

预测区中南侧边部的 G 蒙-754,极值 $8.13\times10^{-5}\,\mathrm{m/s^2}$,地表大面积被第四系覆盖,边部出露元古宙地层,第四系的密度值均较低,平均为 $1.56\times10^3\,\mathrm{kg/m^3}$,而元古宙地层的平均密度为 $2.66\times10^3\,\mathrm{kg/m^3}$,从物性特征、剩余重力异常所处位置、特征、地质情况综合分析,认为这一区域亦是元古宇基底隆起区。L 蒙-753 负剩余重力负异常区地表主要分布二叠纪、三叠纪酸性花岗岩,局部地区被第四系覆盖。二叠纪、三叠纪的酸性侵入岩的平均密度为$(2.58\sim2.59)\times10^3\,\mathrm{kg/m^3}$,综合分析推测该处剩余重力异常主要与酸性侵入岩有关。

区内布格重力异等值线多处形成明显梯级带,这与该区域北东向的区域性大断裂及东西向、北西向断裂发育有关。在该预测工作区推断断裂构造34条、地层单元8个,中—酸性岩浆岩活动区(带)1个,中—酸性岩体5个,中基性岩体2个,中—新生界盆地7个。

五、库伦敖包-刘满壕预测工作区

(一)典型矿床重力特征

矿床所在区域侵入了大面积的中—酸性岩体,为全区解释的岩浆岩带分布区。

巴音哈太萤石矿所在区域布格重力异常与剩余重力异常对应较好,布格重力相对高对应形成剩余重力正异常,布格重力相对低值区对应形成剩余重力负异常。东部布格重力相对高值区,对应形成面状剩余正异常(G 蒙-636),异常 $\Delta g_{\max}$ 为 $12.65\times10^{-5}\,\mathrm{m/s^2}$,地表出露长城系、蓟县系及二叠纪、三叠纪花岗岩体,其中长城系、蓟县系平均密度 $2.69\times10^3\,\mathrm{kg/m^3}$,而二叠纪、三叠纪花岗岩体平均密度 $2.59\times10^3\,\mathrm{kg/m^3}$,故该异常由元古宙地层引起。该布格重力高值区两侧的近北西向重力低异常区地表大面积出露二叠纪、三叠纪花岗岩体,所以认为该异常为酸性岩体的反映。

巴音哈太萤石矿位于西部近北西向布格重力异常梯级带上,推断此处有断裂存在 F 蒙-01293。萤石矿所在处布格重力相对高值区,根据地质资料,地表大面积出露太古宙地层,故该相对高值区为太古宇基地隆起区。

综上所述认为,因巴音哈太萤石矿位于布格重力梯级带上,故构造断裂与成矿有密切关系,是找矿的主要标志,且矿区内以钾长花岗岩和黑云母花岗岩出露的岩浆岩及萤石石英脉,为萤石矿富集提供了热源及物质来源。

(二)预测工作区重力特征

预测区位于内蒙古中部,乌拉特后旗-达茂旗-商都重力低值带与狼山-渣尔泰山-大青山重力高值带之间。布格重力异常总体较高,且呈北低南高的变化趋势。由北到南布格重力值 Δg 由 $-193.49 \times 10^{-5} m/s^2$ 升高到 $-121.93 \times 10^{-5} m/s^2$。北部异常呈近东西向,南部呈北西向展布,反映了区内的总体构造格架特征。临河-集宁断裂通过预测区北部,预测区中部形成明显的北西向重力梯级带,为乌拉特前旗-固阳断裂所致。沿深大断裂处预测区东部侵入了大量的花岗岩体,故东部重力低为酸性侵入岩引起,而西部重力低主要由断陷盆地引起。区内西南角即为河套盆地东缘。

预测区内剩余重力异常多为近东西向及北西向带状展布,布格重力异常与剩余重力异常对应较好。由前述知预测区东部 G 蒙-636 为元古宙地层引起,同理 G 蒙-662 及 G 蒙-660 亦推断为元古宇基底隆起区。

在该预测工作区推断断裂构造 35 条、地层单元 8 个,中—酸性岩浆岩活动区(带)1 个,中—酸性岩体 3 个,中—新生界盆地 5 个。

综上所述,萤石矿位于预测区中部前述推断的太古宙地层(H 蒙-00265)与酸性岩体(S 蒙-00198)的内接触带处,并伴有岩浆活动,故应注意地层与酸性岩体接触带部位的找矿工作。

六、黑沙图-乌兰布拉格预测工作区

(一)典型矿床重力特征

从布格重力异常图可见,中部有一明显的北西向重力低值带贯穿整个布格重力异常图,其对应形成 3 个剩余重力负异常区:L 蒙-629-1、L 蒙-629-2、L 蒙-632,地表均被大面积的第四系覆盖,故推断此 3 处局部负异常均为中新生代盆地引起;由 L 蒙-629-1、L 蒙-629-2 推断的中生代盆地即为白彦花牧场盆地东端。预测区东侧的 G 蒙-631 重力正异常,区内大面积出露古生代地层,故该正异常为古生界基底隆起所致。

临河-集宁断裂贯穿典型矿床南侧,其形成一宽缓的重力梯级带。

黑沙图萤石矿所在区域,布格异常极值为 Δg 为 $-183.71 \times 10^{-5} m/s^2$;剩余异常范围 Δg 为 $(-3 \sim -2) \times 10^{-5} m/s^2$。

(二)预测工作区重力特征

该预测区较小,预测区重力场特征及解释推断与模型矿床所在区域相同。

在该预测工作区推断断裂构造 8 条、地层单元 3 个,中—酸性岩体 1 个,中—新生界盆地 2 个。

七、白音脑包-赛乌苏预测工作区

(一)典型矿床重力特征

矿床所在区域为早白垩世火山构造洼地-沉积盆地区域。区域性大断裂艾里格庙-锡林浩特断裂[F蒙-02007-(2)]贯穿模型矿床区域。

由布格重力异常图可见,布格重力异常总体呈北东向展布,受区域地质条件及构造断裂控制。白音脑包萤石矿位于布格重力异常相对低值带中部,布格重力值 Δg 为 $(-152.71\sim-140.00)\times10^{-5}\,\mathrm{m/s^2}$;对应形成的北东向剩余重力负异常,极值 Δg 为 $(-12.39\sim-8.57)\times10^{-5}\,\mathrm{m/s^2}$,地表出露白垩系、第四系,故该地段为中新生界坳陷盆地所在区域。北侧局部剩余重力正异常,极值 $8.43\times10^{-5}\,\mathrm{m/s^2}$,区内被第三系覆盖,密度为 $2.11\times10^3\,\mathrm{kg/m^3}$,据该异常边部的钻孔资料显示,地表下 60m 处出露石炭系本巴图组,密度为 $2.53\mathrm{g/cm^3}$,故该正异常为古生代地层引起。东部形成的北东向条带状剩余重力正异常,由多个局部正异常组成,Δg 为 $(6.69\sim8.92)\times10^{-5}\,\mathrm{m/s^2}$,结合地质资料分析,推测为基性岩体引起,为浩尧尔海拉苏岩体。

白音脑包萤石矿床所在处,布格重力异常值 Δg 为 $(-136.00\sim-134.00)\times10^{-5}\,\mathrm{m/s^2}$;剩余重力异常值 Δg 为 $(0\sim-2.00)\times10^{-5}\,\mathrm{m/s^2}$。

(二)预测工作区重力特征

预测工作区与模型矿床范围基本相同,重力场特征描述几近相同。
在该预测工作区推断断裂构造 7 条、地层单元 2 个,中—基性岩体 1 个,中—新生界盆地 3 个。

八、白彦敖包-石匠山预测工作区

(一)典型矿床重力特征

由布格重力异常图可见,白彦敖包萤石矿位于边部走向由近东西向转为北东向重力相对低值带拐弯处,其值 Δg 为 $(-187.68\sim-185.85)\times10^{-5}\,\mathrm{m/s^2}$,萤石矿附近重力值 Δg 约为 $-180.00\times10^{-5}\,\mathrm{m/s^2}$。在其北侧及南侧均为布格重力异常高值区。

白彦敖包萤石矿布格重力异常与剩余重力异常对应较好,异常形态、范围较一致。

由剩余重力异常图可见,白彦敖包萤石矿位于正负异常接触带边部,负异常一侧,萤石矿附近剩余重力异常值约为 $-7\times10^{-5}\,\mathrm{m/s^2}$,即 L 蒙-554 负异常区南部,极值 $-15.79\times10^{-5}\,\mathrm{m/s^2}$。该区域被大面积第三系(古近系+新近系)覆盖,但异常边部多处出露酸性岩体,故该异常由酸性侵入岩引起。L 蒙-554 负异常区北部被第三系覆盖,为供济堂盆地分布区。矿床北侧及东侧正异常区内均出露大面积二叠纪花岗岩,密度为 $2.59\mathrm{g/cm^3}$,但异常边部又零星出露元古宇青白口系,密度为 $2.69\mathrm{g/cm^2}$,故综合分析认为正异常由元古宇基底隆起所致。

综上所述可见,白彦敖包萤石矿位于地层与酸性岩体的内接触带部位,矿床即位于地层中。其重力场特征为,位于布格重力相对较低异常区边部,剩余重力正负异常接触带边缘。

(二)预测工作区重力特征

预测区区域上处于内蒙古中部乌拉特后旗-达茂旗-镶黄旗-多伦重力低值带,布格重力异常值 Δg ($-188.80\sim-139.98$)$\times 10^{-5}$ m/s^2。预测区南侧可见明显的重力高与重力低的分界线,正为临河-集宁断裂(F蒙-02027)所致。其贯穿整个预测区,致使沿深大断裂带侵入了大量的海西期中—酸性岩浆岩,矿床就是在此环境下形成的。

预测区中部布格重力高与重力低相间分布,重力低值区多呈近南北走向,椭圆团块状,重力高夹杂其中。布格重力等值线多处形成重力梯级带、同向扭曲及重力高与重力低分界线,以上多与断裂构造有关。

预测区剩余重力异常图形态复杂,剩余重力正负异常杂乱分布。由前述知,白彦敖包萤石矿附近和其东部的剩余重力正异常是元古宇基底隆起所致。预测区南部G蒙-571正异常,极值14$\times 10^{-5}$ m/s^2,异常区内虽被大面积的第三系(古近系+新近系)覆盖,但同时地表零星出露太古宙花岗岩,平均密度值分别为2.27$\times 10^3$ kg/m^3、2.71$\times 10^3$ kg/m^3,显然太古宙花岗岩密度较高,故该正异常与太古宙酸性岩体有关。

预测区中部正异常G蒙-561,区内出露有青白口系及奥陶系;G蒙-552区内出露有二叠系、青白口系及蓟县系,故两个正异常区均为古生代地层与元古宙地层共同作用的结果。正异常G蒙-562为元古宙地层引起。

根据剩余重力异常特征结合地质情况,推断区内其他负异常L蒙-560、L蒙-551-2均为坳陷盆地引起。

纵观整个预测区,其东部存在较大面积的负异常区,结合地质资料,正异常为地表侵入的大量酸性岩体引起。该负异常南侧为正异常G蒙-572-1、G蒙-572-2分布区,地表被大面积蓟县系、长城系覆盖,故由元古宇基底隆起所致。

在该预测工作区推断断裂构造53条、地层单元14个,中—酸性岩体7个,中—基性岩体2个,中—新生界盆地9个。

九、东井子-太仆寺东郊预测工作区

(一)典型矿床重力特征

从布格重力异常图可见,太仆寺旗东郊萤石矿位于布格重力相对低值区与相对高值区的梯级带边部,此梯级带为北东向临河-察右后旗断裂引起,编号F蒙-02046。萤石矿所在处布格重力值Δg为-164.00×10^{-5} m/s^2,矿床北侧为相对低值区,南侧为相对高值区。

剩余重力异常图上显示,太仆寺旗东郊萤石矿位于正负异常过渡带上,矿床位置异常值Δg为2.00$\times 10^{-5}$ m/s^2,所在处为一近东西向正异常,地表被大面积侏罗系及第四系覆盖,通过对周边地质环境分析,推断该正异常为太古宇基底隆起所致。萤石矿北西侧为一明显似哑铃状北东向负异常带,极值Δg -12.59×10^{-5} m/s^2、-7.86×10^{-5} m/s^2,且地表多处出露侏罗纪、二叠纪花岗岩,故此负异常为酸性侵入岩引起。其西北角形成北东向正异常,区内地表零星出露太古宇乌拉山群和元古宇青白口系,所以该正异常与太古宙、元古宙地层有关。

太仆寺旗萤石矿位于推断的酸性岩体(S蒙-00164)与太古宙地层(H蒙-00281)接触带上,前述的北东向临河-察右后旗断裂贯穿整个预测区,沿断裂侵入的大量岩浆岩为成矿提供热动力来源,断裂构造为其提供了成矿场所,故萤石矿受北东向断裂控制。

(二)预测工作区重力特征

预测工作区区域上位于色尔腾山-太仆寺旗古岩浆弧构造岩浆岩亚带(Ar_3)最南端。其南部紧邻白彦敖包-石匠山预测工作区,亦处于内蒙古中部乌拉特后旗-达茂旗-镶黄旗-多伦重力低值带,布格重力异常值 $\Delta g(-179.61\sim-140)\times10^{-5}\,m/s^2$。

因预测区范围与模型矿床基本一致,故模型矿床周围重力场特征不再赘述。由前述知,太仆寺旗东郊萤石矿位于太古宙地层与酸性岩浆岩的接触带部位。

预测区西南角剩余重力正异常 G蒙-478,极值 $\Delta g\ 6.74\times10^{-5}\,m/s^2$,地表出露较多太古宇集宁群,显然该异常为太古宇基底隆起所致。在该预测工作区推断断裂构造 8 条、地层单元 3 个,中—酸性岩体 2 个。

十、跃进预测工作区

(一)典型矿床重力特征

布格重力异常图上,跃进萤石矿位于等轴状局部重力低异常西侧,等值线变为线状展布的等值线上,异常值为 $-128.00\times10^{-5}\,m/s^2$。此重力低由酸性岩体引起。矿床南北两侧重力高由古生代地层引起。剩余重力异常图上,跃进萤石矿位于两个北东向正异常衔接带边部的零直线上,矿床北东侧亦为正异常区,这 3 处正异常区内均不同程度出露有二叠系大石寨组,故均为古生界基底隆起所致。矿床东部负异常为代托吉卡山酸性岩体所在区域,西部负异常为中新生界坳陷盆地所致。

(二)预测工作区重力特征

预测区区域上位于内蒙古自治区中部二连浩特-贺根山-乌拉山重力高值带。

预测工作区布格重力异常总体较高,局部布格重力异常高与布格重力异常低相间分布,重力场最低值 Δg 为 $-142.18\times10^{-5}\,m/s^2$,最高值 Δg 为 $-106.83\times10^{-5}\,m/s^2$。预测区内异常多呈北东向展布,这与该区域地质构造格架有关。

因预测区中部包含跃进萤石矿矿床范围,故相同重力场特征不再复述。

剩余重力异常图上,其形成的剩余重力异常形态与布格重力异常对应良好。预测区西部的剩余重力正异常带 G蒙-398,该区域北部覆盖蓟县系,并零星出露有元古宙超基性岩,故该区域剩余重力正异常为元古宙地层与超基性岩共同作用的结果。

预测区内除跃进萤石矿东部负异常为酸性岩体引起外,其他负异常均与盆地有关。

在该预测工作区推断断裂构造 3 条、地层单元 3 个,中—酸性岩体 1 个,中—基性岩体 2 个,中—新生界盆地 6 个。

十一、苏达勒-乌兰哈达预测工作区

(一)典型矿床重力特征

苏达勒热液充填型萤石矿位于两个布格重力相对高值区中间的重力低值区,异常走向北西,向北西方向重力场范围变宽。矿床所在处布格异常 Δg 极值变化范围为 $(-75.44 \sim -75.17) \times 10^{-5}\,\mathrm{m/s^2}$。

剩余异常图苏达勒热液充填型萤石矿正位于 G 蒙-288 号正异常和 L 蒙-289 号负异常的接触带附近,正异常主要为古生界基底隆起所致,而负异常因区内大面积酸性—中酸性岩体侵入引起,主要岩性为黑云母花岗岩。

可见苏达勒萤石矿位于酸性岩与地层的内接触带,岩浆岩对其成矿具有控制作用,是苏达勒萤石矿形成的主要含矿岩体。

(二)预测工作区重力特征

苏达勒萤石矿预测工作区位于纵贯全国东部地区的大兴安岭-太行山-武陵山北北东向巨型重力梯度带上。该巨型重力梯度带东、西两侧重力场下降幅度达 $80 \times 10^{-5}\,\mathrm{m/s^2}$,每千米下降梯度约 $1 \times 10^{-5}\,\mathrm{m/s^2}$。由地震和磁大地电流测深资料可知,大兴安岭-太行山-武陵山巨型宽条带重力梯度带是一条超地壳深大断裂带的反映。该深大断裂带是环太平洋构造运动的结果,沿深大断裂带侵入了大量的中新生代中酸性岩浆岩和喷发、喷溢了大量的中新生代火山岩。

预测区区域重力场总体格架为北东走向,西北部相对重力低 Δg_{min} 为 $-133.26 \times 10^{-5}\,\mathrm{m/s^2}$,东南部相对重力高 Δg_{max} 为 $-19.10 \times 10^{-5}\,\mathrm{m/s^2}$,重力值下降幅度较大,这主要是受地幔起伏的影响。由东到西,地幔呈逐渐变深的幔坡。预测区内布格重力异常形态复杂,等值线较密集,布格重力异常梯级带多与断裂构造有关,如 F 蒙-00855、F 蒙-00789;布格重力异常等值线的扭曲亦与断裂构造有关,如 F 蒙-00860。

从剩余重力异常图上可见,剩余正负异常分布较杂乱。预测区侏罗纪花岗斑岩比较发育,出露面积较大,从而形成诸如 L 蒙-224、L 蒙-219 等剩余重力负异常;预测区其他负异常区为中新生代盆地引起,如 L 蒙-243、L 蒙-229。

预测区中南部的剩余重力正异常 G 蒙-245-1、G 蒙-245-2 与布格异常 G 蒙-241、G 蒙-243 应良好,从对应的地质图上可见有零星二叠纪地层出现,故推测该异常为古生界基底隆起所致,预测区其他剩余重力正异常均为古生代地层引起。

在该预测工作区推断断裂构造 47 条、地层单元 15 个,中—酸性岩体 17 个,中—基性岩体 1 个,中—新生界盆地 13 个。

十二、大西沟-桃海预测工作区

(一)典型矿床重力特征

大西沟热液充填型萤石矿所在处布格重力异常 Δg_{min} $-114.54 \times 10^{-5}\,\mathrm{m/s^2}$,$\Delta g_{max}$ -85.51×10^{-5}

m/s^2，矿床西侧异常相对低，东侧相对高。剩余重力异常图上，萤石矿位于北西向正异常区边缘，因资料不足，故此区未进行推断。大西沟萤石矿床东侧的条带状剩余正异常，为元古宙、太古宙地层引起。而剩余重力负异常带 L 蒙-304，因地表分布有大量的酸性岩体，故推测该负异常主要为酸性侵入岩所引起。

(二) 预测工作区重力特征

该预测区位于纵贯全国东部地区的大兴安岭-太行山-武陵山北北东向巨型重力梯度带西侧，大兴安岭主脊重力梯级带南端。由布格重力异常图可见，区域重力场总体格架为北东走向，西北部相对重力低，$\Delta g_{min}-119.47\times 10^{-5}m/s^2$，东南部相对重力高，$\Delta g_{max}-49.54\times 10^{-5}m/s^2$，重力值下降幅度较大，这主要是受地幔起伏的影响。由东到西，地幔呈逐渐变深的幔坡。预测区内布格重力异常东部等值线较密集，布格重力异常梯级带多与断裂构造有关。

从剩余重力异常图上看，剩余重力负异常多为北东向串珠状及条带状延展，负异常的区域较大且明显；而剩余重力正异常则夹杂于剩余负异常之中，多为近北东向展布。剩余重力异常与布格异常对应较好，剩余重力正异常多在布格重力异常大值区或变化明显处。

剩余重力异常图（对应布格重力异常图）中，西部的布格重力异常低值区 L 蒙-280 对应于剩余重力异常负值区 L 蒙-304，从相对应的地质图上看，该剩余重力异常区域内分布有大量的白垩纪、侏罗纪、三叠纪的二长花岗岩或黑云母二长花岗岩，故推测该异常与酸性侵入岩有关；而剩余重力负异常区域 L 蒙-307、L 蒙-305 以及 L 蒙-310，因异常区内分布有大量白垩纪地层，推测这些异常为中生代盆地引起。

预测区东部布格重力异常高值区 G 蒙-284 所对应的剩余重力正异常 G 蒙-306 以及南部的剩余重力异常高值区 G 蒙-309、G 蒙-308，因这些区域出露有太古代地层，推测该异常与太古宇基底隆起有关。

在该预测工作区推断断裂构造 18 条、地层单元 9 个，中—酸性岩体 1 个，中—新生界盆地 4 个。

十三、白杖子-陈道沟预测工作区

(一) 典型矿床重力特征

陈道沟热液充填型萤石矿所在区域布格重力异常相对较高，Δg 变化范围为 $(-64.00\sim -30.00)\times 10^{-5}m/s^2$。矿床位于中部一明显北北东向重力低异常带边部，此重力低异常东西两侧与重力高分界处推断有断裂存在。

从剩余重力异常图上看，矿床位于 $-1\times 10^{-5}m/s^2$ 等值线上，陈道沟萤石矿附近负异常主要由酸性岩体引起。周围重力场平稳，没形成明显的异常。

(二) 预测工作区重力特征

预测区位于东部松辽盆地南侧，西南、东南角均到达内蒙古自治区边界。因受地幔起伏影响，本区布格重力异常总体较高，且从南到北呈阶梯状增高，其范围 Δg 由 $-83.62\times 10^{-5}m/s^2$ 升高到 $-44.00\times 10^{-5}m/s^2$。预测区中部有一宽缓的重力梯级带，对应形成 F 蒙-01252、F 蒙-01229 号断裂。

预测区只有西部的 25% 完成了 1：20 万重力测量工作，其余地区均为 1：100 万重力测量工作，故该预测区工作程度较低，剩余重力异常场反映并不明显。从剩余重力异常图上看，预测区中部有一明显向北西、北东方向延伸的面状剩余负异常,该区域分布有大量的二叠纪、侏罗纪花岗岩体,所以该区为大量侵入的酸性岩引起。而剩余负异常区 L 蒙-284、L 蒙-277,因其上覆盖有第四系及白垩系,推测这两个负异常区域为中新生代盆地所致。

只有预测区南部的剩余重力正异常区域,因地表出露有太古宙地层,为太古宇基底隆起所致,其余地区正异常均为古生代地层引起。

十四、昆库力-旺石山预测工作区

(一)典型矿床重力特征

昆库力萤石矿在布格重力异常图上,位于布格重力异常相对高值带与低值带过渡带上,总体上布格重力异常值相对较高,Δg 变化范围为 $(-91.71 \sim -68.05) \times 10^{-5} \mathrm{m/s^2}$。矿床北侧重力高与重力低的分界处,推断有近乎平行的两条断裂存在:F 蒙-00101、F 蒙-00115。

从剩余重力异常图上看,剩余重力异常与布格重力异常对应关系较好。萤石矿所在的中部近东西向的剩余重力正异常带 G 蒙-46 区虽被侏罗系所覆盖,但异常东侧零星出露有震旦纪地层,所以推测该正异常为元古宇基底隆起所致。而剩余重力负异常带 L 蒙-45,因其地表覆盖有第四系和侏罗系,故推测其为中新生代盆地所引起。

(二)预测工作区重力特征

预测区地处内蒙古自治区北部,位于海拉尔-牙克石重力高值带与额尔古纳重力低值带之间,布格重力异常总体显示为相对重力高,其布格重力异常值 Δg 最小为 $-99.72 \times 10^{-5} \mathrm{m/s^2}$,最大为 $-58.42 \times 10^{-5} \mathrm{m/s^2}$,且形态比较复杂,等值线也无一定的规则形态,这主要与区内复杂的地质构造环境有关。

从剩余异常图上看,昆库力萤石矿位于近东西向正异常,元古宙地层边部。

预测区东部 G 蒙-48 剩余正异常区因地表出露有奥陶系及元古代地层,故推测此异常为古生代—元古宇基底隆起所致;除 G 蒙-46 及 G 蒙-48 外,预测区内其他的剩余重力正异常区,因这些正异常区内均有不同程度的古生代地层出露,故均为古生代基底隆起所致。

同样预测区南部较多个剩余重力负异常区以及北部的剩余重力负异常区,因区内均被第四系、白垩系及侏罗系覆盖,故推断这些负异常均由中新生代盆地引起。而剩余重力负异常 L 蒙-47 区域内,因地表零星出露有花岗岩,故推断该异常为酸性岩体所致。

十五、哈达汗-诺敏山预测工作区

(一)典型矿床重力特征

哈达汗萤石矿在布格重力异常图上,位于近南北向的宽缓重力梯级带上,该梯级带为嫩江断裂的作用结果(F 蒙-02005)。

本区因地幔较浅,布格重力异常总体较高,从西到东逐渐增大,但变化不大,等值线较稀疏,Δg 变化范围为 $(-72.00 \sim -51.61) \times 10^{-5} \mathrm{m/s^2}$。

从剩余重力异常图上看,剩余重力异常与布格异常无明显的对应关系。因该区域只开展了 1∶100 万重力测量工作,工作程度较低,故萤石矿附近重力场较平缓,为岩浆岩分布区。

(二)预测工作区重力特征

预测区重力场特征与典型矿床相同,具体见图 4-12。

十六、协林-六合屯预测工作区

(一)典型矿床重力特征

六合屯热液充填型萤石矿所在区域布格重力异常相对较高,异常极值变化范围为($-30.51 \sim -19.36$)$\times 10^{-5} m/s^2$。萤石矿附近布格异常值 $\Delta g - 26.00 \times 10^{-5} m/s^2$。六合屯萤石矿位于剩余重力异常负值区边部,异常($0 \sim -1.00$)$\times 10^{-5} m/s^2$ 等值线中间区域。

(二)预测工作区重力特征

预测区区域上位于大兴安岭北北东向巨型梯级带东侧。布格重力异常总体较高,Δg ($-48.00 \sim -12.00$)$\times 10^{-5} m/s^2$。中东部显示为大面积重力高,仅西侧有面积较小的重力低,且由剩余重力异常图可见预测区内没有明显突兀的剩余重力异常正值带或负值带,即异常强度较弱,故可知本区的重力高主要受地幔起伏的影响,本区地幔较浅,幔源的高密度体形成重力高。由东到西,地幔由浅变深,故东侧重力高,西侧重力低。

预测区显示较弱的剩余重力异常主要是由于区内大面积出露的酸性岩体所致,该预测区即位于全区东南部推断的岩浆岩带所在区域。

十七、白音锡勒牧场-水头预测工作区

(一)典型矿床重力特征

白音锡勒牧场萤石矿所在区域布格重力异常 Δg 变化范围为($-137.37 \sim -109.59$)$\times 10^{-5} m/s^2$,位于中部相对低值区的边缘,其东西均为相对重力高值。萤石矿附近形成的较多等值线密集带,与北东向及近南北向断裂有关。

白音锡勒牧场萤石矿所在区域剩余重力异常图与布格异常图对应较好,矿床位于 $-1 \times 10^{-5} m/s^2$ 等值线附近。萤石矿床东西两侧的正异常为古生代基底隆起所致,南北两侧的剩余重力负异常为中新生代盆地引起,地表局部出露的燕山期酸性岩浆岩为其提供热源及物质来源。

(二)预测工作区重力特征

本预测工作区布格重力异常总体较高,Δg 最低为 $-150.20 \times 10^{-5} m/s^2$,最高为 $\Delta g -75.65 \times 10^{-5} m/s^2$。

图 4-12 内蒙古自治区哈达汗-诺敏山预测工作区剩余重力异常图

总体上看中部为一布格重力低值区域,即全区中东部大兴安岭南缘-黄岗北东重力低值带;东部为布格重力异常高值区域,西部亦为高值区域,有小范围的相对低值异常夹杂其中。预测区内形成的布格重力异常梯级带与局部断裂带有密切的关系,如嫩江断裂 F 蒙-02005。

由剩余重力异常图可见,预测区内剩余重力异常北部有开口向东的"U"形以及西部近南北向和东部北东向展布的正异常。布格重力异常和剩余重力异常对应较好。布格重力异常相对高值区对应剩余重力正异常。预测区西北角布格重力异常相对低值区对应形成 L 蒙-400 剩余重力负异常,异常区内主要分布有第四系和侏罗系、白垩系,推测该处异常为中新生代坳陷盆地引起;同样预测区西南部的 L 蒙-413 亦为中新生代坳陷盆地引起;而由 L 蒙-404、L 蒙-407、L 蒙-414、L 蒙-420 所连成的剩余重力异常负值区,主要为第四系所覆盖,部分出露侏罗纪地层,推断为中新生代盆地引起。

预测区中部串珠状的剩余重力正异常 G 蒙-406,因局部出露有二叠系,推测该处异常为古生代基底隆起所致;同样,正异常 G 蒙-403、G 蒙-405、G 蒙-415、G 蒙-416、G 蒙-419、G 蒙-287,亦推测为古生代地层引起。

第三节 地球化学特征

内蒙古自治区萤石矿化探工作程度比较低,工作比例尺大多为 1∶20 万及少部分的 1∶5 万以及 1∶1 万化探资料。区内氟元素的分布不是很均衡,大部分地区都无氟地球化学资料,本次工作针对萤石矿预测工作区的地球化学特征做了相应的分析研究工作。

一、苏莫查干敖包-敖包吐预测工作区

(一)典型矿床地球化学特征

矿床主要指示元素或氧化物为 F、Sb、As、CaO 等,除 F 异常为椭圆状外,其余元素或氧化物异常均呈条带状分布。各异常面积大,强度高,套合好,浓度分带明显,浓集中心部位与地层和岩体的接触带、矿体相吻合。

(二)预测工作区地球化学特征

F 元素是预测区呈富集状态的主要成矿元素,其高背景区和较高背景区在测区呈大面积连续分布,并有多处极高背景区。F 异常多呈椭圆状分布,以三级异常为主,异常强度高,浓集中心清晰,梯度变化大。F、Sb、As、CaO 等主要元素或氧化物相互套合好,Sb、As、CaO 呈条带状,苏莫查干敖包典型矿床与 F、Sb、As、CaO 异常中心吻合较好。

二、神螺山预测工作区

(一)典型矿床地球化学特征

F 异常面积大,强度高,浓集中心部位与矿体相吻合,异常呈条带状,形状不规则,显示出受断裂构

造控制的特征;Sb、CaO呈大面积与F套合,As位于环带附近,显示出以F、Sb、CaO为主的中心带和以As为主的边缘带的水平分带特征。

(二)预测工作区地球化学特征

F元素是预测区呈富集状态的主要成矿元素,其高背景区和较高背景区呈大面积分布于测区的西北-东南一带。F异常呈条带状,北部和东部未封闭,近南北向分布。异常面积较小者为一级异常,异常面积较大者多为三级异常,其异常强度高,浓度分带、浓集中心明显。F、Sb、As、CaO等主要元素或氧化物相互套合好,神螺山萤石矿床与F、Sb异常中心吻合较好。

三、东七一山预测工作区

(一)典型矿床地球化学特征

F异常面积大,强度高,浓集中心部位与地层和岩体的接触带、矿体相吻合;Sb异常与F套合好,As位于环带南部,显示出以F、Sb为主的中心带和以As为主的边缘带的水平分带特征;CaO异常面积大,强度高,在中心带和边缘带均有显示。

(二)预测工作区地球化学特征

F元素是预测区呈富集状态的主要成矿元素,西北—东南一带以南大部以高背景区和较高背景区为主,呈不规则长条状,以北大部以低背景区和背景区为主。区内F异常主要集中在东南大部,多为一级异常,且面积一般不大,仅萤石矿地区有一处较大的三级异常,异常强度高,浓集中心清晰,梯度变化大。F、Sb、CaO等主要元素或氧化物相互套合好,东七一山典型矿床与F、Sb、CaO异常中心吻合较好。

四、哈布达哈拉-恩格勒预测工作区

(一)典型矿床地球化学特征

F异常面积较大,但强度不高,仅为二级异常;Sb、As、CaO异常面积大,与F异常吻合好;F、Sb、As、CaO异常受3个因素控制,是具有地层-岩体-构造"三位一体"控制特征的综合异常,且该综合异常具有多组断裂交会的特点。

(二)预测工作区地球化学特征

F元素在预测区大部分地区为低背景区和背景区,但在本区局部有较显著聚集,其高背景区主要分布在额尔格铁苦—恩格勒一带。F异常在测区的西南—东北一带呈北东向条带状、串珠状展布,少数异常具明显的浓度分带和浓集中心。F、Sb、As、CaO等主要元素或氧化物相互套合好,恩格勒典型矿床与套合元素吻合较好。

五、库伦敖包-刘满壕预测工作区

(一)典型矿床地球化学特征

F元素在矿床西部有高异常显示,异常面积大,浓集中心清晰,浓度分带明显;异常受地层-岩体-构造"三位一体"控制,F异常呈北西向不规则条带状展布,受多组北西向断裂构造控制明显;CaO与F异常套合较好,CaO异常面积较大,但强度不高。

(二)预测工作区地球化学特征

F元素是预测区呈富集状态的主要成矿元素,其高背景区和较高背景区在测区呈大面积连续分布,仅西北角以低背景区和背景区为主。F异常在测区分散分布,面积一般不大,强度也不高,南部异常未封闭,仅西部有较集中的大面积、高异常F元素存在,异常具明显的浓度分带和浓集中心。F、CaO等主要元素或氧化物相互套合较好。

六、黑沙图-乌兰布拉格预测工作区

预测区西北大部分地区无化探数据,黑沙图萤石矿床也位于其中。在有数据区域内F元素高背景区在西南部和南部呈大面积连续分布。F异常主要集中在测区的南部,有两处大的异常,均未封闭,异常强度高,浓度分带和浓集中心明显。F、Sb、As、CaO呈条带状在空间上相互重叠或套合,浓集中心吻合较好,Sb、As、CaO异常面积大,强度高。

七、白音脑包-赛乌苏预测工作区

(一)典型矿床地球化学特征

矿床主要指示元素或氧化物为F、Sb、As、CaO等,F异常在矿区内大面积展布,为三级异常,浓集中心清晰,浓度分带明显;Sb、As呈同心环状位于矿体上方,F、CaO位于矿体边缘与环带相交。F在矿体上方无异常,这可能与古近纪地层覆盖有关。

(二)预测工作区地球化学特征

预测区的西北部和东南部化探无数据,在有数据区域F元素高背景区和较高背景区分布在二连浩特—白音脑包—浩尧尔海拉苏东部一带,其中南半段高背景区显著聚集。区内以一处面积极大的F异常为主,位于测区的南部,异常强度高,有多处浓集中心,浓度分带和浓集中心明显,异常的东部和南部均未封闭。F、Sb、As、CaO呈条带状在空间上相互重叠或套合,浓集中心吻合较好,Sb、As、CaO异常面积大,强度高。F、Sb、As、CaO等主要元素或氧化物在空间上相互重叠或套合,白音脑包萤石矿床与

Sb、As、CaO异常中心吻合较好。

八、白彦敖包-石匠山预测工作区

(一)典型矿床地球化学特征

F异常位于地层和岩体的接触带上,但异常面积很小,强度也很低,仅为一级,这可能与新近纪地层覆盖有关;F异常仅与CaO在空间上有套合,CaO异常呈条带状北东向展布,异常面积较大,强度较高。

(二)预测工作区地球化学特征

预测区的西北部和东南部化探无数据,在有数据区域的大部分地区F元素为低背景区和背景区,但在本区局部有较显著聚集,其高背景区和较高背景区呈细条带状或串珠状分散在测区各处。F异常很碎,多呈串珠状,少数条带状,异常强度不高,多为二级异常,少数为三级,主要集中分布在测区的中部一带,另在测区西北、西南、东北角各有1~2处面积较大的三级异常。F、Sb、As、CaO等主要元素或氧化物相互套合较好,已知矿床白彦敖包萤石矿位于F、CaO异常上方。

九、东井子-太仆寺东郊预测工作区

(一)典型矿床地球化学特征

矿区内多为第四系覆盖,F异常很不明显,仅在矿体东北部有一小处异常,强度亦不高。F与其他元素套合不好,区内未见有相关异常显示。

(二)预测工作区地球化学特征

预测区的整个西部化探无数据,在有数据区域F元素以低背景区和背景区为主,局部有较显著聚集,其高背景区和较高背景区呈条带状或椭圆状。F异常较少,主要分布在南部,异常面积较大,强度较高,多为三级异常,浓度分带和浓集中心明显。

十、跃进预测工作区

(一)典型矿床地球化学特征

矿区内存在F、As、Sb、CaO等元素或氧化物的局部异常,F元素浓集中心明显,异常强度高。As、Sb、CaO的浓集中心多分布在矿体北东部,CaO异常范围较大,As、Sb、CaO异常在空间上水平分带特征明显。

(二)预测工作区地球化学特征

预测区的西部和中部F元素以低背景区和背景区为主,在跃进地区存在两处明显的局部异常,浓集中心明显,异常强度高。预测区东部F元素多呈背景、高背景分布,具有明显的浓度分带;在东营点地区存在明显的浓集中心,浓度分带明显,异常强度高。As元素在预测区多呈背景分布,局部呈高背景分布,在锡林浩特地区存在局部异常,具有明显的浓度分带和浓集中心。CaO在预测区多呈背景、高背景分布,在东营盘地区存在范围较大的局部异常,异常分带明显。Sb在预测区多呈背景、高背景分布,存在明显的局部异常,在跃进地区与F异常套合较好。

十一、苏达勒-乌兰哈达预测工作区

(一)典型矿床地球化学特征

矿区周围存在有F、CaO、As、Sb等元素或氧化物的局部异常,CaO、As、Sb异常强度较高,具有明显的浓度分带和浓集中心;CaO异常范围较大,与F异常套合较好。Ab、Sb异常分布在矿体外围,在空间上具有一定的分带性。

(二)预测工作区地球化学特征

预测区北部F多呈背景、高背景分布,存在局部低背景区;高背景区具有明显的浓度分带。在预测区中部F元素多呈背景、高背景分布,具有明显的浓度分带和浓集中心。预测区南部热河营子村地区存在F元素的局部低背景,其余地区多呈背景、高背景分布。F异常在预测区呈星散状分布,具有明显的浓度分带。Sb、As在预测区多呈背景、高背景分布,存在明显的局部异常,异常套合较好。CaO在预测区中西部呈背景、高背景分布,在苏达勒地区与F异常套合较好。

十二、热液充填型萤石矿大西沟-桃海预测工作区

(一)典型矿床地球化学特征

矿区内F异常大面积分布,具有明显的浓度分带和浓集中心,浓集中心范围较大,异常强度较高,呈面状分布。CaO、As、Sb在矿区范围内,异常强度不高,仅为二级浓度分带,无明显的浓集中心。

(二)预测工作区地球化学特征

F、CaO高背景区主要分布在预测区北西部和南东部,具有明显的浓度分带;F局部异常主要分布在预测区北西部;大西沟—三道沟地区分布有面积较大的局部异常,具有明显的浓度分带,浓集中心明显,异常强度高,浓集中心呈北西向串珠状分布。预测区中部F元素多呈低背景分布。预测区北西部存在As、Sb的局部异常,与F异常在空间上套合较好。

十三、白杖子-陈道沟预测工作区

该预测工作区目前没有化探数据。

十四、昆库力-旺石山预测工作区

(一)典型矿床地球化学特征

矿区内F元素呈大面积的高背景分布,具有明显的浓度分带和浓集中心,异常强度较高,范围较大。CaO、As、Sb在矿区范围内,异常强度不高,仅为二级浓度分带,无明显的浓集中心。

(二)预测工作区地球化学特征

预测区F元素主要以背景、高背景分布,高背景区和局部异常主要分布在预测区北部,具有明显的浓度分带,浓集中心明显,异常强度高,浓集中心范围较大。As、Sb在预测区北部以背景、高背景分布,存在明显的局部异常,异常在空间上与F异常套合较好。CaO在预测区上多以背景值分布,无明显的浓度分带。

十五、哈达汗-诺敏山预测工作区

(一)典型矿床地球化学特征

F异常位于地层和岩体的接触带上,但异常面积很小,强度也很低,仅为一级,这可能与新近纪地层覆盖有关。As在矿区周围存在局部异常,具有明显的浓度分带,但异常范围较小。

(二)预测工作区地球化学特征

预测区F元素主要以背景、高背景分布,高背景区主要分布在哈达汗北西地区,存在明显的浓度分带,有一处明显的浓集中心。As在预测区多呈背景分布,存在局部高背景区。Sb、CaO在预测区多呈背景分布。

十六、协林-六合屯预测工作区

(一)典型矿床地球化学特征

矿区内存在F、CaO、As、Sb等元素或氧化物的局部异常,F、CaO异常套合较好,但异常强度不高。

As、Sb异常多分布在矿体外围,可视为近矿指示元素。

(二)预测工作区地球化学特征

预测区西部无数据,在有数据区域内,北西和南东地区F呈低背景分布,在中部F呈高背景分布,具有明显的浓度分带和浓集中心;高背景区呈北东向带状分布;强度较高、范围较大的浓集中心主要分布在胡力斯台嘎查北东地区。As、Sb、CaO在预测区多呈背景、高背景分布,存在明显的局部异常,F、Sb、As、CaO等主要元素或氧化物在空间上相互重叠或套合。

十七、白音锡勒牧场-水头预测工作区

(一)典型矿床地球化学特征

矿床主要指示元素或氧化物为F、Sb、As、CaO等,F异常在矿区内大面积展布,为三级异常,浓集中心清晰,浓度分带明显,呈面状分布;Sb、As、CaO在矿区呈高背景分布,具有明显的浓度分带和浓集中心;F、CaO为内带异常元素或氧化物,异常套合较好,Sb、As为外带异常,可作为近矿指示元素。

(二)预测工作区地球化学特征

预测区F多呈背景、高背景分布,仅在预测区北西部存在局部低背景区;高背景区具有明显的浓度分带和浓集中心。在白音锡勒牧场存在F的局部异常,浓集中心明显,异常强度高,与As、CaO异常套合较好。塔拉图如嘎查—兴隆庄乡地区存在多处F的浓集中心,异常分带明显,强度较高;浓集中心呈北东向串珠状分布。As、Sb在预测区中东部呈背景、高背景分布,浓集中心明显,异常强度高,异常范围较大,As、Sb、F异常在空间上套合较好。CaO在预测区多呈背景分布,存在局部高背景区。

第四节 区域成矿模式

一、苏莫查干敖包-敖包吐预测工作区成矿模式

预测工作区内大面积出露二叠系大石寨组。该地层为一套酸性—中酸性海相火山熔岩、火山碎屑岩夹正常沉积碎屑岩、泥岩和碳酸盐岩组合。底部的碳酸盐岩建造为萤石含矿层,且多发育有萤石矿化、硅化、碳酸盐化、高岭土化等,成为重要找矿标志。

区内的主要褶皱构造即由大石寨组构成的北东向开阔向斜,核部为大石寨组五岩段,翼部为二、三、四岩段,东南翼部分被北东向大断裂破坏。该向斜内北东和北西向断裂以及次级北东向褶皱发育,苏莫查干萤石矿产于向斜的两翼,矿体产状受到地层的控制。

本区内一条大断裂即查干敖包-敖包吐阿木-伊和尔-额合哈善图-瑙尔其格北东向大断裂,呈北东向、南西向斜穿全预测区,其北西侧为隆起区,且岩石普遍糜棱岩化。其东南侧为白垩纪构造盆地,而其

中的大断裂构造派生的次一级小断裂构造为沉积成矿后的热液叠加成矿热液的充填流动的特定部位，成为必要通道。

本区侵入岩较为发育，其形成时代主要有二叠纪、侏罗纪和白垩纪。其岩石类型主要为二长花岗岩和似斑状黑云二长花岗岩，大部分分布于预测区北部。燕山期的花岗岩类为F元素的富集及成矿提供了物质及热量来源，流体当中的挥发分CO_2、H_2O以及F元素随岩浆一起搬运，为成矿提供基础，后期受到大气降水的参与作用，对大石寨组含萤石岩系进行淋滤、萃取，沿裂隙渗透、沉淀形成层状、似层状矿体。

本预测工作区内已发现有萤石矿、锰矿、铜铅锌多金属矿和铀钍等矿化，其中萤石矿矿床（点）6处（超大型1处、中型3处、矿点2处），矿化点众多。

苏莫查干敖包-敖包吐预测工作区成矿要素见表4-8，成矿模式见图4-13。

表4-8 苏莫查干敖包-敖包吐预测工作区成矿要素表

区域成矿要素		描述内容	要素分类
特征描述		沉积改造型萤石矿	
地质环境	大地构造位置	天山-兴蒙造山系（Ⅰ），大兴安岭弧盆系（Ⅰ-1），锡林浩特岩浆（Ⅰ-1-6）	重要
	成矿区（带）	滨太平洋成矿域（Ⅰ-4），大兴安岭成矿省（Ⅱ-12），阿巴嘎-霍林河Cr-Cu(Au)-Ge-煤-天然碱-芒硝成矿带（Ⅲ-7），苏莫查干敖包-二连萤石-Mn成矿亚带（Ⅲ-7-④）	重要
	成矿环境	潮下带	重要
	含矿岩系	二叠系大石寨组三岩段底部，含矿层由结晶灰岩、矿化大理岩、板岩以及含矿角砾岩组成	必要
	成矿时代	沉积成矿时代为二叠纪，改造成矿时代为燕山期	重要
矿床特征	矿体形态	层状、似层状	重要
	岩石类型	碳质板岩、绢云绿泥碳质板岩、结晶灰岩、大理岩	重要
	岩石结构	变余泥质结构、细粒变晶结构	次要
	矿物组合	矿石矿物：萤石； 金属矿物：黄铁矿、黄铜矿、闪锌矿、磁黄铁矿等	重要
	结构构造	结构：自形—半自形粒状结构、他形粒状结构、伟晶结构； 构造：块状构造、纹层状构造、角砾状构造、梳状构造	次要
	蚀变特征	绢云母化、硅化、碳酸盐化、高岭土化、褐铁（锰）矿化	重要
	控矿条件	褶皱构造、断裂构造	必要
		中二叠统大石寨组流纹斑岩、碳质板岩、结晶灰岩	必要
		白垩纪（燕山晚期）花岗岩侵入体	必要
区内相同类型矿产		成矿区带内有1个超大型矿床，3个中型矿床	重要

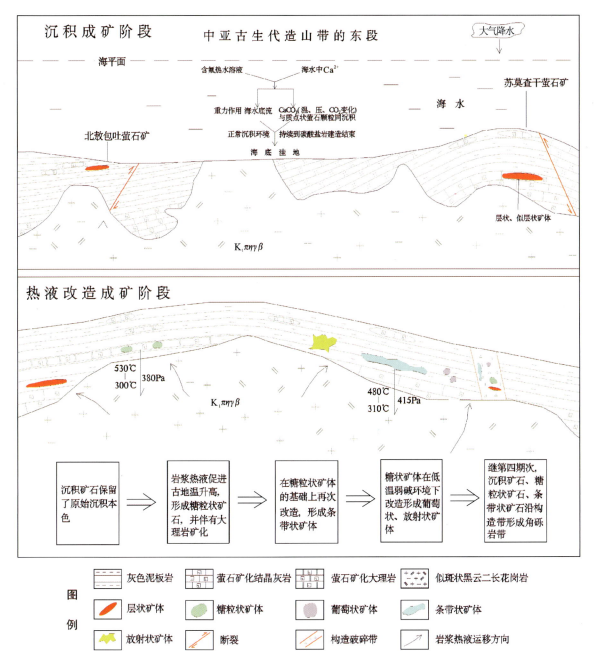

图 4-13　苏莫查干敖包-敖包吐预测工作区成矿模式图

二、神螺山预测工作区成矿模式

区内出露的地层主要为二叠系哲斯组的一套沉积岩，该地层与萤石矿并无太大关系。根据脉状萤石矿成因和图面早二叠世二长花岗岩的出露与分布特征，推论区内应有较大的早二叠世二长花岗岩的岩体存在。依据地表出露的部分资料记载：此岩体是淡肉红色中粒片麻状黑云母二长花岗岩，基质含量为斜长石 30%、钾长石 25%、石英 30%、黑云母 8%，其他副矿物主要有榍石、磷灰石、锆石，其次为磷铁矿、褐帘石、自然铅、萤石、金红石、绿帘石等。该岩体发育萤石矿化，神螺山萤石矿即被该岩体所控制，为矿体的成矿母岩。从矿体的形态及分布特征来看,矿体被构造所控制,呈脉状产出,矿床为岩浆热液沿断裂侵入的脉矿萤石矿床。

神螺山预测工作区成矿要素见表4-9,成矿模式见图4-14。

表4-9 神螺山预测工作区成矿要素表

区域成矿要素		描述内容	要素分类
特征描述		热液充填型萤石矿床	
地质环境	大地构造位置	塔里木陆块区(Ⅲ),敦煌陆块(Ⅲ-2),柳园裂谷(Ⅲ-2-1)	重要
	成矿区(带)	古亚洲成矿域(Ⅰ-1),塔里木成矿省(Ⅱ-2),磁海-公婆泉 Fe-Cu-Au-Pb-Zn-W-Sn-Rb-V-U-P 成矿带(Ⅲ-2),神螺山-玉石山萤石成矿亚带(Ⅲ-2-③)	重要
	成矿环境	断裂构造发育,SiO_2溶液贯入,形成石英脉,其后断裂构造进一步活动,给晚期含CaF_2溶液贯入提供了空间部位,进而形成萤石矿脉	重要
	含矿岩体	二叠纪正长花岗岩体与哲斯组内、外接触带	必要
	成矿时代	二叠纪	重要
矿床特征	矿体形态	不规则脉状、脉状	重要
	岩石类型	砾岩、砂岩、英安质层状凝灰岩,凝灰质砂岩,萤石矿脉、石英脉	重要
	岩石结构	砾状结构、砂状结构、凝灰结构	次要
	矿物组合	矿石矿物:萤石; 脉石矿物:石英、石髓、石膏	重要
	结构构造	结构:以粗粒自形晶结构为主,次为细粒自形—半自形结构; 构造:条带状、角砾状、同心圆状、块状、梳状构造	次要
	蚀变特征	高岭土化、硅化、褐铁矿化	重要
	控矿条件	矿体产于二叠纪正长花岗岩体与哲斯组内、外接触带	必要
		萤石矿脉的形态受断裂构造破碎带控制,产状与破碎带一致,呈陡倾斜产出	必要
区内相同类型矿产		成矿区带内有1个小型矿床	重要

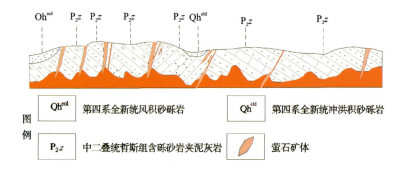

图4-14 神螺山预测工作区成矿模式图

三、东七一山预测工作区成矿模式

区域内构造较为发育,以断裂构造为主,褶皱构造次之,构造线总体方向是以北西向为主,近东西向次之,北东向的较少,褶皱构造分布于测区西北部及南部,但是不太发育。本区的断裂绝大多数与萤石成矿有关,为矿液的通道和良好沉淀场所。以北东30°~45°和近于南北向的两组断裂最为发育。

受晚石炭世花岗闪长岩及石英闪长岩的作用,海西期的花岗岩热液伴随F、H_2O、CO_2等有利元素或氧化物一起运移,在岩浆房的顶部或接近于顶部的侧壁开始富集,透过断裂裂隙以及早期岩体的孔隙流动,在早期高温、高压下矿体并未真正形成,从产出的物质组分来看,并无高、中温产物,因而表明在温度与压力降到较低时,有用元素开始聚集,形成脉状、囊状、扁豆状萤石矿体,矿体围岩多发生硅化、高岭土化蚀变,为重要找矿标志。

东七一山预测工作区成矿要素见表4-10,成矿模式见图4-15。

表4-10 东七一山预测工作区成矿要素表

区域成矿要素		描述内容	要素分类
特征描述		热液充填型萤石矿床	
地质环境	大地构造位置	天山-兴蒙造山系(Ⅰ),额济纳旗-北山弧盆系(Ⅰ-9),公婆泉岛弧(Ⅰ-9-4)	重要
	成矿区(带)	古亚洲成矿域(Ⅰ-1),塔里木成矿省(Ⅱ-4),磁海-公婆泉 Fe-Cu-Au-Pb-Zn-W-Sn-Rb-V-U-P 成矿带(Ⅲ-2),石板井-东七一山 W-Mo-Cu-Fe-萤石成矿亚带(Ⅲ-2-①)	重要
	成矿环境	萤石矿赋存于北东向和近南北向两组断裂构造带内	重要
	含矿岩体	中生界中上志留统公婆泉组大理岩、安山岩、英安岩安山质凝灰岩、砂质板岩	必要
	成矿时代	石炭纪(海西期)	重要
矿床特征	矿体形态	矿体主要以脉状、囊状、扁豆状形式产出	重要
	岩石类型	大理岩、安山岩、英安岩、安山质凝灰岩、砂质板岩	重要
	岩石结构	斑状结构、凝灰结构、变晶结构	次要
	矿物组合	主要矿物有萤石、石髓、石英、方解石、褐铁矿	重要
	结构构造	他形—半自形细粒结构;块状、条带状、晶洞状构造	次要
	蚀变特征	主要为硅化、高岭土化、褐铁矿化	重要
	控矿条件	断裂构造	必要
		石炭纪花岗闪长岩、石英闪长岩岩体	必要
区内相同类型矿产		成矿区带内有1个中型矿床	重要

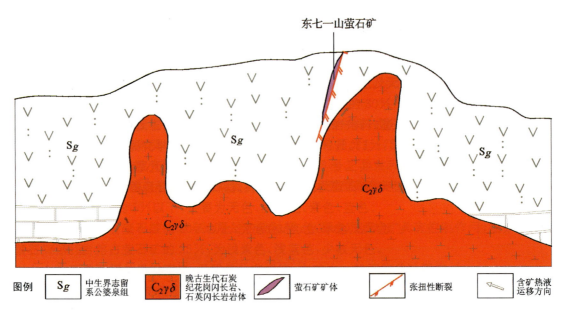

图 4-15 东七一山预测工作区成矿模式图

四、哈布达哈拉-恩格勒预测工作区成矿模式

区内出露的地层与萤石矿无直接关联,而侵入岩则为矿体的成矿母岩,与成矿有关的主要岩体有中三叠世的中粗粒花岗岩、中粗粒似斑状二长花岗岩、中粗粒碱长花岗岩、中粗粒黑云二长花岗岩。

预测工作区与成矿有关的为断裂构造,西部地区断裂构造不发育,以北西向为主;东部区断裂构造发育,与成矿有关的断裂构造北东向及北西向两组。

该区域萤石矿的形成均与上述花岗岩体有关,从矿物组合来看,高温高压矿物较少,蚀变主要以硅化、绢云母化、高岭土化为主,萤石矿体与硅化、绢云母化关系十分密切,尤其是这两种蚀变叠加,厚度大的部位(褪色化明显)成矿较好,也是良好的找矿标志。矿床成因为中、低温脉状萤石矿床。

哈布达哈拉-恩格勒预测工作区成矿要素见表 4-11,成矿模式见图 4-16。

表 4-11 哈布达哈拉-恩格勒预测工作区成矿要素表

区域成矿要素		描述内容	要素分类
特征描述		热液充填型萤石矿床	
地质环境	大地构造位置	华北陆块区(Ⅱ),阿拉善陆块(Ⅱ-7),迭布斯格-阿拉善右旗陆缘岩浆弧(Ⅱ-7-1)	重要
	成矿区(带)	古亚洲成矿域(Ⅰ-1),华北西部(地台)成矿省(Ⅱ-14),阿拉善(台隆)Cu-Ni-Pt-Fe-REE-P-石墨-芒硝-盐成矿亚带(Pt、Pz、Kz)(Ⅲ-3),碱泉子-卡休他他-沙拉西别 Au-Cu-Fe-Pt 成矿亚带(C、Vm、Q)(Ⅲ-3-①)	重要
	成矿环境	印支含矿热液沿构造裂隙侵入	重要
	含矿岩体	印支期中粗粒花岗岩、黑云二长花岗岩为成矿提供热液,似斑状二长花岗岩与碱长花岗岩同为矿体形成的母岩	必要
	成矿时代	印支期	重要

续表 4-11

区域成矿要素 特征描述		描述内容 热液充填型萤石矿床	要素分类
矿床特征	矿体形态	脉状	重要
	岩石类型	花岗岩、黑云二长花岗岩	重要
	岩石结构	中粗粒花岗结构	次要
	矿物组合	矿石矿物:萤石; 脉石矿物:玉髓、石英	重要
	结构构造	花岗结构、中粗粒花岗结构;块状、角砾状构造	次要
	蚀变特征	硅化、绢云母化、高岭土化	重要
	控矿条件	印支期花岗岩、黑云二长花岗岩、似斑状二长花岗岩以及碱长花岗岩为成矿提供了必要的物质来源与热源	必要
		矿体严格受北东向及近南北向断裂构造控制,是成矿的有利场所,矿体与断层产状一致	必要
区内相同类型矿产		成矿区带内有1个小型矿床,1个中型矿床	重要

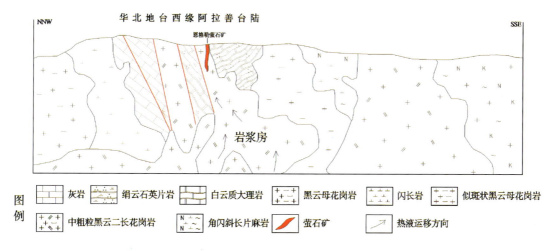

图 4-16 哈布达哈拉-恩格勒预测工作区成矿模式图

五、库伦敖包-刘满壕预测工作区成矿模式

从区域萤石矿矿体产出的特征来看,萤石矿与地层的关系不大,而侵入岩是萤石矿形成的主要载体,构造则是矿体的主要存储场地和岩浆期后热液运移的通道。

工作区内出露的中生代晚三叠世中粗粒二长花岗岩、中粗粒白云母二长花岗岩、似斑状黑云母花岗岩以及中细粒花岗岩闪长岩岩体对含矿元素的富集及矿体的形成起到了关键作用。花岗岩为萤石矿的成矿母岩。

区内构造比较简单,主要以断裂为主,往往呈北西-南东向展布,萤石矿脉则产于北西向断裂之中,从物质组成和蚀变特征可以看出,矿床成因为中、低温热液充填型脉状萤石矿。

库伦敖包-刘满壕预测工作区成矿要素见表 4-12,成矿模式见图 4-17。

表 4-12 库伦敖包-刘满壕预测工作区成矿要素表

区域成矿要素 特征描述		描述内容 热液充填型萤石矿床	要素分类
地质环境	大地构造位置	华北陆块区（Ⅱ），狼山-阴山陆块（大陆边缘岩浆弧 Pz_2）（Ⅱ-4），狼山-白云鄂博裂谷（Pt_2）（Ⅱ-4-3）	重要
	成矿区（带）	滨太平洋成矿域（Ⅰ-4），华北成矿省（Ⅱ-14），华北地台北缘西段 Au-Fe-Nb-REE-Cu-Pb-Zn-Ag-Ni-Pt-W-石墨-白云母成矿带（Ⅲ-11），白云鄂博-商都 Au-Fe-Nb-REE-Cu-Ni 成矿亚带（Ⅲ-11-①）	重要
	成矿环境	萤石矿赋存于岩浆岩活动强烈地段	重要
	含矿岩体	主要为海西晚期钾长花岗岩和黑云母花岗岩及萤石石英脉	必要
	成矿时代	三叠纪	重要
矿床特征	矿体形态	矿体呈脉状，近似水平方式产出	重要
	岩石类型	钾长花岗岩、黑云母花岗岩	重要
	岩石结构	花岗结构	次要
	矿物组合	萤石、石英、玉髓及少量方解石、重晶石、黏土	重要
	结构构造	自形—他形细粒结构；致密块状、条带状、角砾状构造	次要
	蚀变特征	硅化、高岭土化	重要
	控矿条件	断裂构造	必要
		海西晚期二长花岗岩、花岗闪长岩岩体	必要
区内相同类型矿产		成矿区带内有 3 个小型矿床和 2 个矿化点	重要

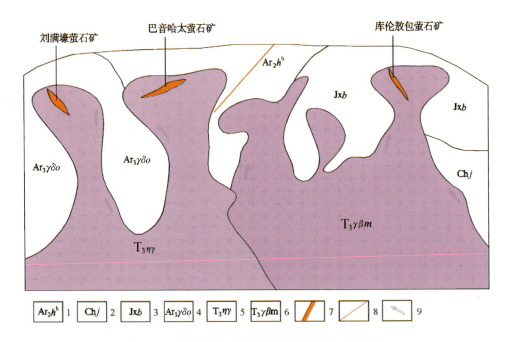

图 4-17 库伦敖包-刘满壕预测工作区成矿模式图

1.中太古界白云鄂博群哈拉霍格特岩组；2.中元古界长城系尖山岩组；3.中生界侏罗系比鲁特岩组；4.新太古界英云闪长岩；5.中生代三叠纪花岗闪长岩；6.中生代三叠纪二长花岗岩；7.萤石矿体；8.断裂构造；9.含矿热液运移方向

六、黑沙图-乌兰布拉格预测工作区成矿模式

从成因上看,本区内的萤石矿为热液充填型萤石矿,地层对矿床基本上没有任何控制作用,另一方面,区内最古老的中晚奥陶世英云闪长岩及其变种的岩体白岗岩为主要赋矿岩体,为矿体提供必要的热液来源。矿体多呈脉状分布,且区内的构造控制了萤石矿的产出部位,构造以北东向、北西向为主,从矿体的产状即可看出,矿体产状与区内的构造走向及倾向大体相当,构造的形成具有复合性,这就使得萤石矿的形成具有多期性的特点,本区的萤石矿为受岩浆期后热液多次叠加的裂隙充填型矿床。

区域萤石矿成矿要素见表4-13,成矿模式见图4-18。

表4-13 黑沙图-乌兰布拉格预测工作区成矿要素表

区域成矿要素		描述内容	要素分类
特征描述		热液充填型萤石矿床	
地质环境	大地构造位置	天山-兴蒙造山系(Ⅰ),包尔汗图-温都尔庙弧盆系(Ⅰ-8),温都尔庙俯冲增生杂岩带(Ⅰ-8-2)	重要
	成矿区(带)	滨太平洋成矿域(叠加在古亚洲成矿域之上)(Ⅰ-4),大兴安岭成矿省(Ⅱ-12),阿巴嘎-霍林河Cr-Cu(Au)-Ge-煤-天然碱-芒硝成矿带(Ⅲ-7),白乃庙-哈达庙Cu-Au-萤石成矿亚带(Ⅲ-7-⑥)	重要
	成矿环境	加里东期含矿热液沿构造裂隙侵入	重要
	含矿岩体	加里东期英云闪长岩为矿体形成的成矿母岩,矿体的直接围岩为白岗岩,其为英云闪长岩的变种	必要
	成矿时代	加里东期	重要
矿床特征	矿体形态	矿体呈脉状	重要
	岩石类型	英云闪长岩、白岗岩	重要
	岩石结构	花岗结构、细粒结构	次要
	矿物组合	矿石矿物:萤石; 脉石矿物:石英、玉髓	重要
	结构构造	半自形—他形细粒结构;块状、条带状、角砾状构造	次要
	蚀变特征	硅化、绢云母化、绿泥石化	重要
	控矿条件	矿床受断裂构造控制	必要
		加里东期英云闪长岩为矿体的形成提供了必要的热源,白岗岩为同期英云闪长岩的变种	必要
区内相同类型矿产		成矿区带内有1个中型矿床	重要

七、白音脑包-赛乌苏预测工作区成矿模式

工作区内普遍具有中低温热液蚀变现象,蚀变主要以高岭土化、硅化为主,绢云母化也较为普遍,萤石矿脉产在北东向的断裂及裂隙(节理)中,萤石和石髓呈同心圆状结构,沿断裂及破碎带具有矿化增强的现象。

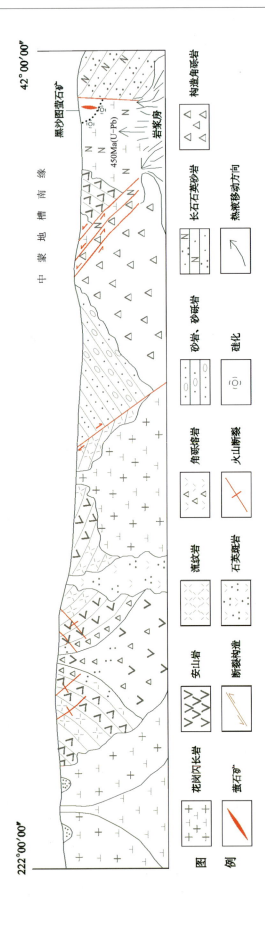

图 4-18 黑沙图-乌兰布拉格预测工作区成矿模式图

晚侏罗世花岗岩为区内唯一的侵入岩体,其岩性为肉红色、浅肉红色和浅粉色中粗粒花岗岩和浅肉红色黑云母花岗岩,规模较小,往往呈小岩株状分布在矿区的西部和北部。岩体内北东向的节理十分发育,后期含矿热液沿裂隙贯入,因此萤石矿脉往往都产在侵入岩的内外接触带中,是区内的含矿母岩和赋矿层。

白音脑包-赛乌苏预测工作区成矿要素见表4-14,成矿模式见图4-19。

表4-14 白音脑包-赛乌苏预测工作区成矿要素表

区域成矿要素		描述内容	要素分类
特征描述		热液充填型萤石矿床	
地质环境	大地构造位置	天山-兴蒙造山系(Ⅰ),大兴安岭弧盆系(Ⅰ-1),锡林浩特岩浆弧(Pz₂)(Ⅰ-1-6)	重要
	成矿区(带)	滨太平洋成矿域(Ⅰ-4),大兴安岭成矿省(Ⅱ-12),阿巴嘎-霍林河Cr-Cu(Au)-Ge-煤-天然碱-芒硝成矿带(Ym)(Ⅲ-7),苏木查干敖包-二连萤石-Mn成矿亚带(Ⅵ)(Ⅲ-7-④)	重要
	成矿环境	产于围岩侏罗系断层及燕山期花岗岩裂隙中及其接触带附近	重要
	含矿岩体	侏罗纪—白垩纪的花岗岩体	必要
	成矿时代	侏罗纪—白垩纪	重要
矿床特征	矿体形态	脉状、网脉状	重要
	岩石类型	凝灰质含砾粗砂岩、凝灰质砂岩夹流纹质凝灰岩、花岗岩	重要
	岩石结构	含砾砂状结构、凝灰质结构、碎屑结构、中细粒花岗结构	次要
	矿物组合	矿石矿物:萤石; 脉石矿物:石英、石髓	重要
	结构构造	结构:自形—半自形粒状结构、他形粒状结构; 构造:平行条带状构造、块状构造、角砾状构造	次要
	蚀变特征	高岭土化、硅化、绢云母化	重要
	控矿条件	断裂构造	必要
		燕山期花岗岩、黑云母花岗岩等酸性侵入岩体	必要
区内相同类型矿产		成矿区带内有1个中型矿床,1个矿点	重要

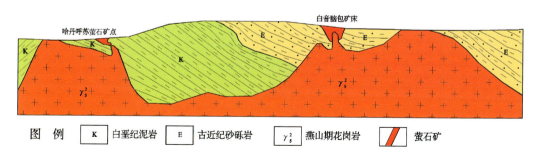

图4-19 白音脑包-赛乌苏预测工作区成矿模式图

八、白彦敖包-石匠山预测工作区成矿模式

工作区内萤石矿主要与侵入岩有关,且侵入岩十分发育,主要有晚侏罗世灰褐色不等粒黑云石英二长岩、中粗粒似斑状二长花岗岩,晚三叠世深灰色—灰白色中粗粒白云母花岗岩,中二叠世肉红色中粗粒二长花岗岩,二叠纪浅红色黑云碱长花岗岩、中粒花岗岩、灰白色—淡粉色似斑状花岗岩。花岗岩体为萤石矿的形成奠定了基础,萤石矿主要受到岩浆期后热液作用,将对成矿有利的元素以流体的形式贯入到区内断裂裂隙当中。

区内地质构造较为复杂,褶皱、断裂构造均较为发育。褶皱构造以达盖滩背斜为代表,出露于六十顷—达盖滩一线,轴向55°,轴长25km,轴部出露地层为三面井组硬砂岩段,两翼为三面井组安山岩段,背斜南翼具有复式褶皱特征。区内断裂构造十分发育,为热液活动提供了通道。与萤石矿有密切关系的断裂构造有北东向、北西向、近东西向、近南北向,由于不同萤石矿矿区所处的位置的不同,因此各萤石矿的控矿构造也有所不同。

白彦敖包-石匠山预测工作区成矿要素见表4-15,成矿模式见图4-20。

表4-15 白彦敖包-石匠山预测工作区成矿要素表

区域成矿要素		描述内容	要素分类
特征描述		热液充填型萤石矿床	
地质环境	大地构造位置	华北陆块区(Ⅱ),狼山-阴山陆块(大陆边缘岩浆弧 Pz_2)(Ⅱ-4),狼山-白云鄂博裂谷(Pt_2)(Ⅱ-4-3)	重要
	成矿区(带)	滨太平洋成矿域(Ⅰ-4),华北成矿省(Ⅱ-14),华北地台北缘西段 Au-Fe-Nb-REE-Cu-Pb-Zn-Ag-Ni-Pt-W-石墨-白云母成矿带(Ⅲ-11),白云鄂博-商都 Au-Fe-Nb-REE-Cu-Ni 成矿亚带(Ⅲ-11-①)	重要
	成矿环境	萤石矿赋存于断裂构造带内	重要
	含矿岩体	主要为海西晚期花岗岩、二长花岗岩和燕山期花岗岩、似斑状花岗岩	必要
	成矿时代	二叠纪、三叠纪	重要
矿床特征	矿体形态	矿体呈脉状方式产出	重要
	岩石类型	花岗岩、二长花岗岩、似斑状花岗岩	重要
	岩石结构	花岗结构	次要
	矿物组合	萤石、褐铁矿、石英、方解石	重要
	结构构造	自形—他形细粒结构;致密块状、条带状、角砾状构造	次要
	蚀变特征	硅化、高岭土化、绢云母化、碳酸盐化	重要
	控矿条件	断裂构造	必要
		海西晚期花岗岩、二长花岗岩,燕山期花岗岩岩体	必要
区内相同类型矿产		成矿区带内有7个小型矿床和1个矿化点	重要

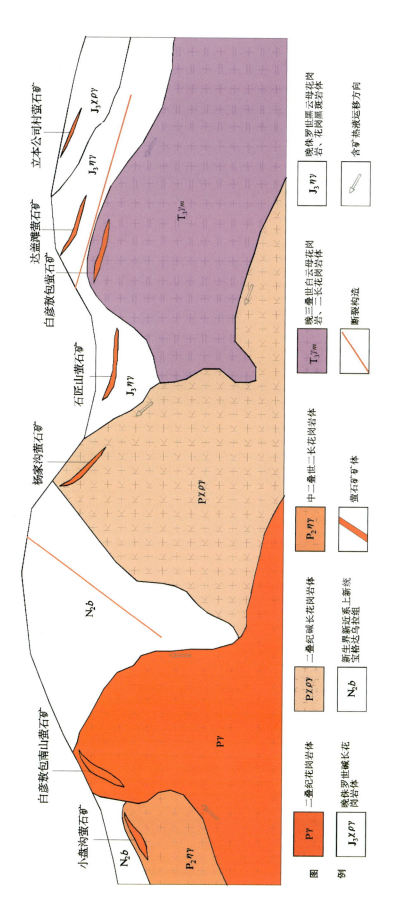

图 4-20 白彦敖包-石匠山预测工作区成矿模式图

九、东井子-太仆寺东郊预测工作区成矿模式

预测区主要出露古生代和中生代侵入岩。其中二叠纪主要有二长花岗岩、花岗闪长岩和二云母花岗岩,分布在中西部地区;侏罗纪主要为二长花岗岩和花岗斑岩,白垩纪为石英二长斑岩,均分布在中部和北部。脉岩不发育,只有少量花岗斑岩脉和花岗细晶岩脉。晚侏罗世二长花岗岩为萤石矿成矿母岩。

预测区内由于新生界覆盖较广,各地质单元出露不连续,而且火山岩地区标志层不明显,故褶皱构造轮廓极不清晰,且多为小规模开阔者。但断裂构造及裂隙较发育,主要为北东—北北东向和北西—北北西向两组,南北向次之,一般规模不大,出露不连续,断裂工作成为成矿前期矿液运移的良好通道和成矿部位。

区内萤石矿主要赋存于晚侏罗世二长花岗岩内外接触带上的断层或裂隙构造中。

东井子-太仆寺东郊预测工作区成矿要素见表 4-16,成矿模式见图 4-21。

表 4-16 东井子-太仆寺东郊预测工作区成矿要素表

区域成矿要素		描述内容	要素分类
特征描述		热液充填型萤石矿床	
地质环境	大地构造位置	华北陆块区(Ⅱ),狼山-阴山陆块(大陆边缘岩浆弧)(Ⅱ-4),狼山-白云鄂博裂谷(Ⅱ-4-3)	重要
	成矿区(带)	滨太平洋成矿域(叠加在古亚洲成矿域之上)(Ⅰ-4),华北成矿省(Ⅱ-14),华北地台北缘西段 Au-Fe-Nb-REE-Cu-Pb-Zn-Ag-Ni-Pt-W-石墨-白云母成矿带(Ⅲ-11),白云鄂博-商都 Au-Fe-Nb-REE-Cu-Ni 成矿亚带(Ⅲ-11-①)	重要
	成矿环境	燕山期含矿热液沿构造裂隙侵入	重要
	含矿岩体	燕山早期二长花岗岩为矿体形成的成矿母岩(与矿区中出露的中粗粒花岗岩为同期产物),为成矿提供热液	必要
	成矿时代	燕山期	重要
矿床特征	矿体形态	矿体呈脉状、透镜状	重要
	岩石类型	二长花岗岩	重要
	岩石结构	中粒结构	次要
	矿物组合	矿石矿物:萤石; 脉石矿物:玉髓、方解石	重要
	结构构造	花岗结构、隐晶质结构;块状、角砾状构造	次要
	蚀变特征	高岭土化、硅化、绢云母化	重要
	控矿条件	燕山早期的二长花岗岩为成矿母岩,该期花岗岩岩浆热液沿构造裂隙上侵,侵入到白音高老组中	必要
		矿体严格受断裂构造控制,是含矿热液的良好通道与成矿有利部位	必要
区内相同类型矿产		成矿区带内有 1 个小型矿床	重要

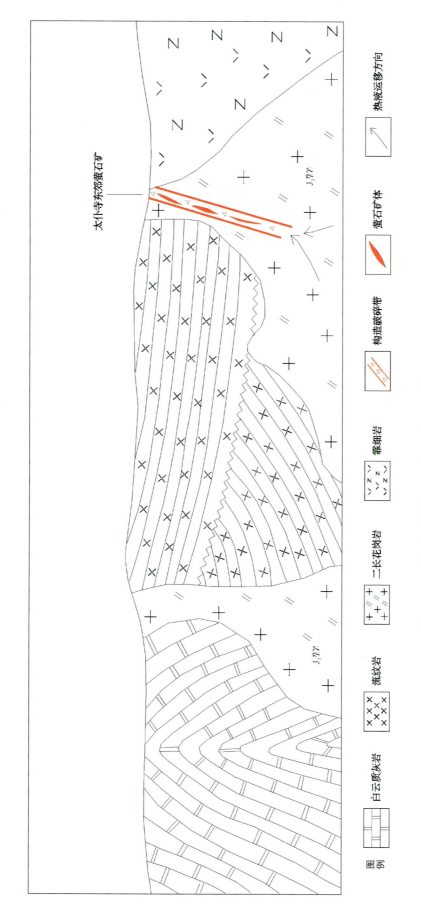

图 4-21 东井子-太仆寺东郊预测工作区成矿模式图

十、跃进预测工作区成矿模式

预测工作区内出露的地层主要为侏罗纪火山岩、沉积岩建造,但均与萤石矿的形成无太大联系。

预测区内出露的三叠纪花岗岩和二长花岗岩为本区萤石矿的成矿母岩,岩体的后期热液沿构造裂隙上侵,热液中的成矿元素或挥发或沉淀,在构造有利部位富集成矿,在与围岩接触部位具有较强的硅化、绢云母化以及高岭土化等。

预测区断裂构造大致有近东西向、北西向和北东向3组。其中,塔布陶勒盖北逆断层及其次级裂隙为主要导矿构造和赋矿构造。

预测工作区成矿要素见表4-17,成矿模式见图4-22。

表4-17 跃进预测工作区成矿要素表

区域成矿要素		描述内容	要素分类
特征描述		热液充填型萤石矿床	
地质环境	大地构造位置	天山-兴蒙造山系(Ⅰ),大兴安岭弧盆系(Ⅰ-1),锡林浩特岩浆弧(Ⅰ-1-6)	重要
	成矿区(带)	滨太平洋成矿域(叠加在古亚洲成矿域之上)(Ⅰ-4),大兴安岭成矿省(Ⅱ-12),阿巴嘎-霍林河Cr-Cu(Au)-Ge-煤-天然碱-芒硝成矿带(Ym)(Ⅲ-7),温都尔庙-红格尔庙Fe成矿亚带(Pt)(Ⅲ-7-⑤)	重要
	成矿环境	印支期含矿热液沿构造裂隙侵入	重要
	含矿岩体	印支期花岗岩为矿体形成的成矿母岩,岩浆热液沿裂隙构造上侵,为成矿提供热源	必要
	成矿时代	印支期	重要
矿床特征	矿体形态	矿体呈脉状	重要
	岩石类型	花岗岩	重要
	岩石结构	中粗粒花岗结构	次要
	矿物组合	矿石矿物:萤石; 脉石矿物:石英、隐晶硅质	重要
	结构构造	自形—半自形粗粒结构、他形粒状结构;块状、条带状构造	次要
	蚀变特征	硅化、绢云母化	重要
	控矿条件	区内印支期花岗岩是成矿的主导因素,该花岗岩为萤石矿的形成提供必要的热来源	必要
		矿体受断裂构造控制,是矿体形成的有利场所	必要
	区内相同类型矿产	成矿区带内有1个中型矿床	重要

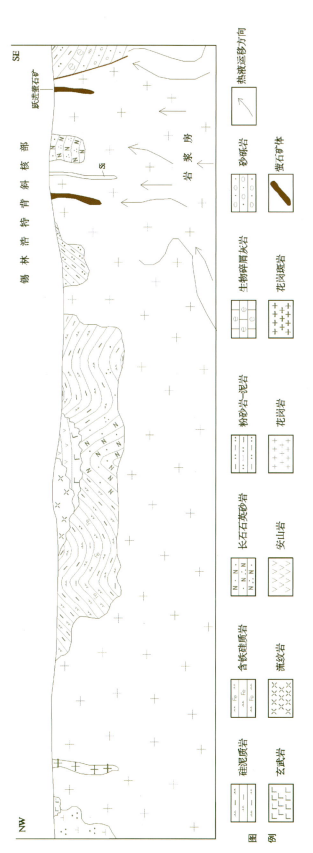

图 4-22 跃进预测工作区成矿模式图

十一、苏达勒-乌兰哈达预测工作区成矿模式

本区主要出露晚古生代与中生代地层,主要为沉积岩建造与火山岩建造,分布面积较广,但与萤石矿的形成无关。

白垩纪中粗粒黑母花岗岩:岩石呈灰白色,中—粗粒花岗结构,块状构造。主要矿物成分为石英35%、钾长石40%、斜长石15%、黑云母磁铁矿等少量。岩体呈不规则状出露,是萤石矿成矿母岩。岩石系列为高钾钙碱性系列,岩体年龄为146.5~119.0Ma/(K-Ar)。

白垩纪中粗粒角闪黑云花岗闪长岩:岩石呈灰白色,中粗粒花岗结构,块状构造。主要矿物成分为斜长石56%、钾长石13%、石英22%,少量角闪石以及黑云母。在区内出露面积较小,集中分布于苏达勒萤石矿西部以及预测区的中东和东北部,呈椭圆状出露,为萤石矿成矿母岩。

区内断裂构造及裂隙较发育,主要为北西-南东向和北东-南西向两组,一般规模不大,出露不连续,与萤石矿的形成密不可分的构造为北东-南西向断裂构造。

本区内萤石矿为受上述两种岩浆岩热液作用的沿构造裂隙充填脉状萤石矿床,侵入岩的岩浆期后热液为成矿元素的运移提供了便利,随着热液流体贯入到构造裂隙中,在温度降至足够低、压力不高的环境下,通过对岩体渗透及沉淀形成萤石矿体。

苏达勒-乌兰哈达预测工作区成矿要素见表4-18,成矿模式见图4-23。

表4-18 苏达勒-乌兰哈达预测工作区成矿要素表

区域成矿要素		描述内容	要素分类
特征描述		热液充填型萤石矿床	
地质环境	大地构造位置	天山-兴蒙造山系(Ⅰ),大兴安岭弧盆系(Ⅰ-1)、锡林浩特岩浆弧(Ⅰ-1-6)	重要
	成矿区(带)	滨太平洋成矿域(Ⅰ-4),大兴安岭成矿省(Ⅱ-12),林西-孙吴 Pb-Zn-Cu-Mo-Au 成矿带(V1、I1、Ym)(Ⅲ-8),莲花山-大井子 Cu-Ag-Pb-Zn 成矿亚带(Ⅲ-8-③)	重要
	成矿环境	燕山晚期岩浆热液沿构造裂隙侵入,为成矿提供热源	重要
	含矿岩体	矿体产于构造裂隙中,燕山期黑云母花岗岩与角闪黑云花岗闪长岩为成矿母岩	必要
	成矿时代	燕山晚期	重要
矿床特征	矿体形态	矿体呈脉状	重要
	岩石类型	中粗粒黑云母花岗岩、中粗粒角闪黑云花岗闪长岩	重要
	岩石结构	中粗粒花岗结构	次要
	矿物组合	矿石矿物:萤石; 脉石矿物:石英、方解石	重要
	结构构造	碎裂结构、他形粒状结构;块状、角砾状构造	次要
	蚀变特征	硅化、高岭土化、绿帘石化、角岩化、绢云母化	重要
	控矿条件	燕山期黑云母花岗岩、角闪黑云花岗闪长岩为成矿提供热液	必要
		断裂构造为成矿提供成矿场所,构造具多期性,对成矿具严格的控制作用	必要
区内相同类型矿产		成矿区带内有3个小型萤石矿床	重要

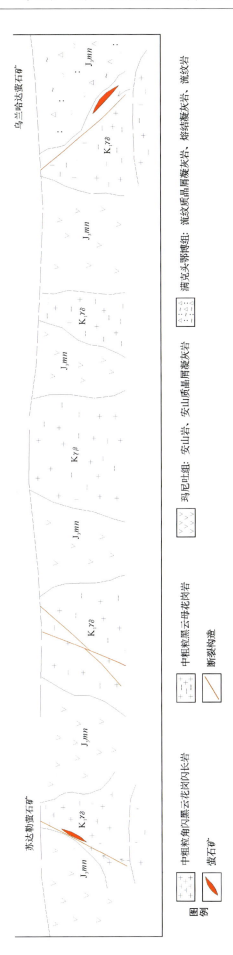

图4-23 苏达勒-乌兰哈达预测工作区成矿模式图

十二、大西沟-桃海预测工作区成矿模式

预测工作区内花岗岩分布比较广,主要有中元古代糜棱岩化黑云二长花岗岩,早二叠世闪长岩、黑云二长花岗岩,中二叠世斜长花岗岩、黑云二长花岗岩,早三叠世黑云二长花岗岩,中三叠世角闪闪长岩、黑云二长花岗岩,晚三叠世黑云二长花岗岩,早侏罗世黑云角闪二长花岗岩,中侏罗世黑云二长花岗岩,晚侏罗世黑云二长花岗岩,早白垩世闪长玢岩。在上述花岗岩当中,燕山期黑云二长花岗岩体,为萤石矿的形成提供必要的热液来源。

预测工作区内构造较为发育,在区内东南部一带大双庙乡西部见有大型褶皱构造,桃海萤石矿处于该褶皱的西北部,对矿床的分布无影响,区内最为发育的构造为断裂构造,萤石矿主要受到断裂的控制,是萤石矿的主要产出部位,也是矿液运移的通道,断裂走向一般为北东-南西向,主要为正断层,大西沟萤石矿处于呈北东-南西向断裂构造的边缘。区内最长断裂为碾子沟萤石矿东部的大型压扭性走滑断层,该断层长约12km,走向北西-南东,为区内的主要成矿断裂构造。区内较小的断裂主要集中于预测区西北部,多为次一级的小断裂,萤石矿床受其影响较为明显。

大西沟-桃海预测工作区成矿要素见表4-19,成矿模式见图4-24。

表4-19 大西沟-桃海预测工作区成矿要素表

区域成矿要素		描述内容	要素分类
特征描述		热液充填型萤石矿床	
地质环境	大地构造位置	华北陆块区(Ⅱ),大青山-冀北古弧盆系(Pt_1)(Ⅱ-3),恒山-承德-建平古岩浆弧(Pt_1)(Ⅱ-3-1)	重要
	成矿区(带)	滨太平洋成矿域(Ⅰ-4),华北成矿省(Ⅱ-14),华北地台北缘东段Fe-Cu-Mo-Pb-Zn-Au-Ag-Mn-P-煤-膨润土成矿区(Ⅲ-57)(Ⅲ-10),内蒙古隆起东段Fe-Cu-Mo-Pb-Zn-Au-Ag-Mn-P-煤-膨润土成矿带(Ⅲ-10-①)	重要
	成矿环境	断裂构造发育,SiO_2溶液贯入,形成石英脉,其后断裂构造进一步活动,给晚期含CaF_2溶液贯入提供了空间部位,进而形成萤石矿脉	重要
	含矿岩体	燕山早期花岗岩体及侵入断裂裂隙形成的岩脉等	必要
	成矿时代	侏罗纪	重要
矿床特征	矿体形态	脉状、串珠状	重要
	岩石类型	凝灰岩、凝灰砂砾岩,燕山期中细粒黑云二长花岗岩	重要
	岩石结构	凝灰结构、花岗结构	次要
	矿物组合	矿石矿物:萤石;金属矿物:赤铁矿、褐铁矿、黄铁矿;脉石矿物:石英、长石、高岭土、绢云母、方解石等	重要
	结构构造	结构:自形—半自形中粗粒结构、他形粒状结构;构造:致密块状、条带状、环带状、角砾状、嵌布状构造	次要
	蚀变特征	硅化、绢云母化、高岭土化、碳酸盐化	重要
	控矿条件	矿体产于燕山期黑云母二长花岗岩体中	必要
		萤石矿脉的形态受断裂构造破碎带控制,产状与破碎带一致,呈陡倾斜产出	必要
区内相同类型矿产		成矿区带内有1个中型矿床、2个矿点	重要

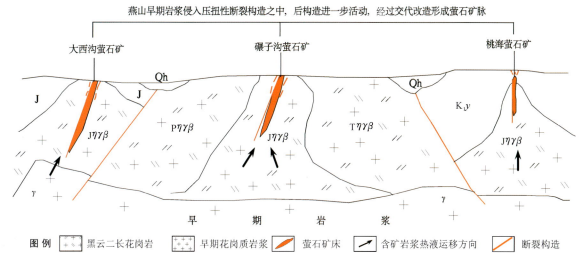

图 4-24 大西沟-桃海预测工作区成矿模式图

十三、白杖子-陈道沟预测工作区成矿模式

预测工作区内岩浆活动比较频繁,主要有早二叠世闪长岩、石英闪长岩,中二叠世花岗闪长岩、斜长花岗岩、二长花岗岩、正长花岗岩,晚侏罗世石英闪长岩、二长花岗岩、黑云母花岗岩,以及早白垩世石英二长岩、正长花岗岩、碱长花岗岩、花岗斑岩。萤石矿产于海西晚期花岗杂岩体分布的外接触带及特定的构造部位。岩浆的期后热液伴随成矿有利元素沿区内断裂构造贯入,为成矿提供了有利条件。

区内褶皱构造并不发育,主要以断裂构造为主,断裂构造规模不大,多为小型断层,且分布范围甚广,几乎分布于整个预测区,断裂主要以北东-南西向为主,次为北西-南东向,断裂构造是成矿元素富集以及矿体产出的有利部位,而本区萤石矿主要受控于北东向及北东东向压扭性及张扭性构造带。

白杖子-陈道沟预测工作区成矿要素见表4-20,成矿模式见图4-25。

表 4-20 白杖子-陈道沟预测工作区成矿要素表

区域成矿要素		描述内容	要素分类
特征描述		热液充填型萤石矿床	
地质环境	大地构造位置	天山-兴蒙造山系(Ⅰ),包尔汗图-温都尔庙弧盆系(Pz_2)(Ⅰ-8),温都尔庙俯冲增生杂岩带(Ⅰ-8-2); 华北陆块区(Ⅱ),大青山-冀北古弧盆系(Pt_1)(Ⅱ-3),恒山-承德-建平古岩浆弧(Pt_1)(冀北大陆边缘岩浆弧 Pz_2)(Ⅱ-3-1)	重要
	成矿区(带)	滨太平洋成矿域(Ⅰ-4),吉黑成矿省(Ⅱ-13),松辽盆地油气铀成矿区(Yl-He)(Ⅲ-9),库里吐-汤家杖子 Mo-Cu-Pb-Zn-W-Au 成矿亚带(Vm、Y)(Ⅲ-9-②)	重要
	成矿环境	早期压性构造带发育,海西晚期及燕山期岩浆热液充填其中	重要
	含矿岩体	海西晚期及燕山期的花岗杂岩体	必要
	成矿时代	二叠纪—侏罗纪	重要

续表 4-20

区域成矿要素		描述内容	要素分类
特征描述		热液充填型萤石矿床	
矿床特征	矿体形态	脉状、似层状	重要
	岩石类型	结晶灰岩、绢云母片岩、绢云石英片岩	重要
	岩石结构	细粒变晶结构、鳞片粒状变晶结构	次要
	矿物组合	矿石矿物:萤石; 脉石矿物:石英、方解石、玉髓、绢云母、高岭土等	重要
	结构构造	结构:他形粒状结构、自形—半自形粒状结构、交代残余结构; 构造:块状、蜂窝状、条带状、角砾状、梳状、网格状构造	次要
	蚀变特征	硅化、高岭土化、碳酸盐化	重要
	控矿条件	压扭性及张扭性构造带发育的地段	必要
		海西晚期花岗杂岩体分布的外接触带	必要
区内相同类型矿产		成矿区带内有 2 个小型矿床	重要

十四、昆库力-旺石山预测工作区成矿模式

预测工作区内出露地层多为变质岩建造以及火山岩建造,且与本区萤石矿的形成无关。

预测区岩浆活动比较频繁,岩体分布范围比较广,主要有晚泥盆世中粒辉长岩、中粒闪长岩、中粒石英闪长岩、石英闪长玢岩、粗中粒斜长花岗岩、粗中粒花岗闪长岩、晚石炭世岗闪长岩、黑云母花岗岩、正长花岗岩,中二叠世黑云二长花岗岩,中侏罗世粗粒正长花岗岩,晚侏罗世花岗闪长岩、正长花岗岩、早白垩世斜长花岗岩、闪长岩、辉长岩、正长斑岩、中粒花岗岩、花岗斑岩。其中与萤石矿密切相关的岩体为晚石炭世黑云母花岗岩,该岩体为萤石矿成矿母岩。

预测工作区内主要分布有北东向断裂、北西向断裂、近南北向断裂,其中以北东向断裂为主,其次为北西向和近南北向断裂。断裂构造是区内萤石矿的主要成矿场所,也是岩浆期后热液的运移通道。区内萤石矿床均为中低温热液脉状矿床,从物质组成来看,多为中低温环境下的产物,围岩蚀变多为硅化、绢云母化以及高岭土化等。

昆库力-旺石山预测工作区成矿要素见表 4-21,成矿模式见图 4-26。

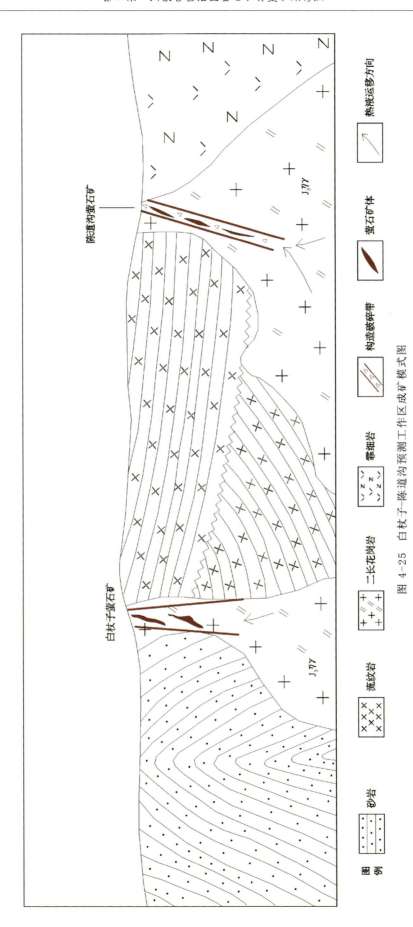

图 4-25 白杖子-陈道沟预测工作区成矿模式图

表 4-21 昆库力-旺石山预测工作区成矿要素表

区域成矿要素		描述内容	要素分类
特征描述		热液充填型萤石矿床	
地质环境	大地构造位置	天山-兴蒙造山系（Ⅰ），大兴安岭弧盆系（Ⅰ-1），海拉尔-呼玛弧后盆地（Pz）（Ⅰ-1-3）	重要
	成矿区（带）	滨太平洋成矿域（Ⅰ-4），大兴安岭成矿省（Ⅱ-12），新巴尔虎右旗（拉张区）Cu-Mo-Pb-Zn-Au-萤石-煤（铀）成矿带（Ⅲ-5），陈巴尔虎旗-根河 Au-Fe-Zn-萤石成矿亚带（Cl、Ym-1、Ym）（Ⅲ-5-②）	重要
	成矿环境	张性构造发育，钙碱质和次碱质酸性及中酸性岩浆活动	重要
	含矿岩体	石炭纪中粒黑云母花岗岩体	必要
	成矿时代	石炭纪	重要
矿床特征	矿体形态	萤石矿体均呈单脉产出，可见尖灭再现、分支复合现象	重要
	岩石类型	中粒黑云母花岗岩体	重要
	岩石结构	花岗结构	次要
	矿物组合	矿石矿物：萤石、石英为主，偶见绢云母、萤石粒度为 2～10mm，石英呈他形—半自形叶片状	重要
	结构构造	结构：他形—半自形粒状结构、结晶结构；构造：块状构造、条带状构造、角砾状构造	次要
	蚀变特征	硅化	重要
	控矿条件	矿体产于石炭纪中粒黑云母花岗岩体中	必要
		萤石矿脉的形态受断裂构造破碎带控制，产状与破碎带一致，呈陡倾斜产出	必要
区内相同类型矿产		成矿区带内有 5 个小型矿床	重要

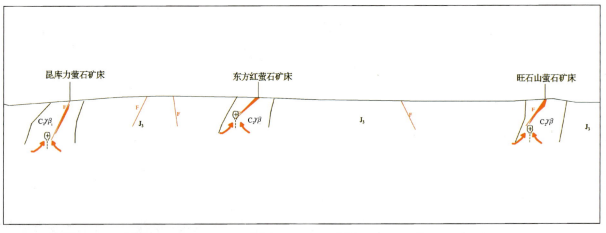

图 4-26 昆库力-旺石山预测工作区成矿模式图

十五、哈达汗-诺敏山预测工作区成矿模式

区内出露的地层主要为古元古代变质岩建造,中生代的火山岩建造,地层与萤石矿成矿无直接关联。

工作区内萤石矿的形成主要受控于早白垩世石英正长斑岩、花岗斑岩,这两种岩体为萤石矿的成矿母岩。

区内构造不发育,主要分布在中部和北部,构造走向主要为北东向和北西向,均为小型断裂构造,区内未见褶皱构造。与萤石矿有关的成矿构造走向为近南北向、北东东向和北西西向,为矿液运移及矿元素富集成矿的良好场所。

预测工作区的成矿要素见表4-22,成矿模式见图4-27。

表4-22 哈达汗-诺敏山预测工作区成矿要素表

区域成矿要素		描述内容	要素分类
特征描述		热液充填型萤石矿床	
地质环境	大地构造位置	天山-兴蒙造山系(Ⅰ),大兴安岭弧盆系(Ⅰ-1),海拉尔-呼玛弧后盆地(Ⅰ-1-3)	重要
	成矿区(带)	滨太平洋成矿域(Ⅰ-4),大兴安岭成矿省(Ⅱ-12),新巴尔虎右旗Cu-Mo-Pb-Zn-Au-萤石-煤(铀)成矿带(Ⅲ-5),陈巴尔虎旗-根河Au-Fe-Zn-萤石成矿亚带(Ⅲ-5-②)	重要
	成矿环境	萤石矿充填于断裂构造带内	重要
	含矿岩体	中生界上侏罗统满克头鄂博组大理岩、变质粉砂质泥岩、变质长石石英砂岩	必要
	成矿时代	侏罗纪—白垩纪	重要
矿床特征	矿体形态	矿体主要以脉状形式产出	重要
	岩石类型	大理岩、变质粉砂质泥岩、变质长石石英砂岩	重要
	岩石结构	变晶结构、泥质结构	次要
	矿物组合	主要矿物为萤石、石英	重要
	结构构造	自形粒状结构、他形粒状结构;块状、角砾状构造	次要
	蚀变特征	主要为硅化、绢云母化、绿泥石化、碳酸盐化	重要
	控矿条件	断裂构造	必要
		白垩纪花岗斑岩和石英正长斑岩岩体	必要
区内相同类型矿产		成矿区带内有1个小型矿床	重要

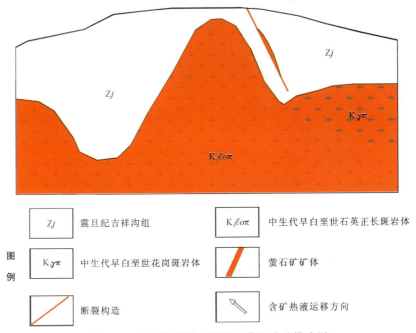

图 4-27 哈达汗-诺敏山预测工作区成矿模式图

十六、协林-六合屯预测工作区成矿模式

本预测工作区内地层主要有晚古生代火山岩建造、沉积岩建造以及中生代的火山岩建造,该区地层与萤石矿的形成无关。

与预测区内萤石矿成矿有关的侵入岩有晚侏罗世闪长玢岩和早白垩世花岗斑岩岩体。花岗斑岩岩体主要出露在协林萤石矿区,为萤石矿的成矿提供热源和物质来源。

预测区内褶皱构造不发育,断裂构造亦不发育,但断裂构造控制着区内脉状萤石矿体的形成,预测区内可见的断裂构造位于区内东部和北部,主要呈北西西向和北东向展布,与萤石矿密切相关的构造为北西向断裂构造,为矿液运移通道和萤石矿成矿的有利部位。

协林-六合屯预测工作区成矿要素见表 4-23,成矿模式见图 4-28。

表 4-23 协林-六合屯预测工作区成矿要素表

区域成矿要素		描述内容	要素分类
特征描述		热液充填型萤石矿床	
地质环境	大地构造位置	天山-兴蒙造山系(Ⅰ),大兴安岭弧盆系(Ⅰ-1),锡林浩特岩浆弧(Ⅰ-1-6)	重要
	成矿区(带)	滨太平洋成矿域(Ⅰ-4),大兴安岭成矿省(Ⅱ-12),林西-孙吴 Pb-Zn-Cu-Mo-Au 成矿带(Ⅲ-8),莲花山-大井子 Cu-Ag-Pb-Zn 成矿亚带(Ⅲ-8-③)	重要
	成矿环境	萤石矿赋存于北西向断裂构造带内	重要
	含矿岩体	中生界上侏罗统白音高老组岩屑晶屑凝灰岩、含砾岩屑晶屑凝灰岩、流纹质岩屑晶屑凝灰岩、细凝灰岩	必要
	成矿时代	侏罗纪—白垩纪	重要

续表 4-23

区域成矿要素 特征描述		描述内容	要素分类
		热液充填型萤石矿床	
矿床特征	矿体形态	矿体以脉状、透镜状形式产出	重要
	岩石类型	岩屑晶屑凝灰岩、流纹质岩屑晶屑凝灰岩、细凝灰岩	重要
	岩石结构	凝灰结构	次要
	矿物组合	主要矿物有萤石、石英、方解石、髓石	重要
	结构构造	半自形—自形粒状结构；块状、角砾状、条带状构造	次要
	蚀变特征	硅化、高岭土化、绿泥石化、碳酸盐化	重要
	控矿条件	断裂构造	必要
		侏罗纪—白垩纪闪长玢岩和花岗斑岩岩体	必要
区内相同类型矿产		成矿区带内有 2 个小型矿床	重要

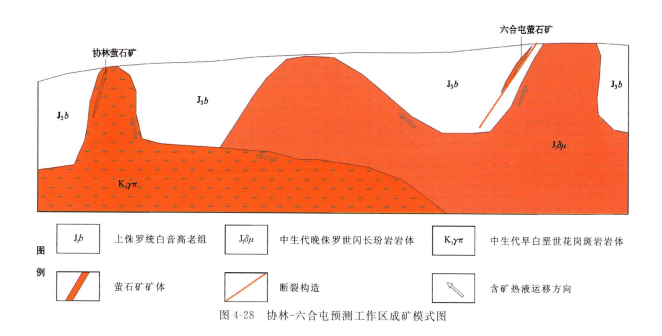

图 4-28　协林-六合屯预测工作区成矿模式图

十七、白音锡勒牧场-水头预测工作区成矿模式

预测区内侏罗纪侵入岩最发育，其次为二叠纪、三叠纪和白垩纪侵入岩零星分布。

中二叠世主要为二长花岗岩，分布在预测区北部；晚二叠世主要有角闪辉长岩、闪长岩、花岗闪长岩，分布在预测区西部；三叠纪主要为辉长岩和花岗闪长岩，分布在东北部；晚侏罗世主要为闪长岩、花岗岩、黑云母花岗岩、二长花岗岩和正长花岗岩，遍布整个预测区内。其中，晚侏罗世正长花岗岩与萤石矿的形成极为密切，为萤石矿的成矿母岩。

区内发育一系列北东向不对称复式褶皱，北东向断裂、北东向构造破碎带以及北东向长条状岩体、脉岩等组合,构成了区内的基本构造格局。

预测工作区内的断裂构造是萤石矿的主要控矿构造,以北东向为主,其次为北西向或近东西向。

白音锡勒牧场-水头预测工作区成矿要素见表4-24,成矿模式见图4-29。

表4-24 白音锡勒牧场-水头预测工作区成矿要素表

区域成矿要素		描述内容	要素分类
特征描述		热液充填型萤石矿床	
地质环境	大地构造位置	天山-兴蒙造山系(Ⅰ),大兴安岭弧盆系(Ⅰ-1),锡林浩特岩浆弧(Ⅰ-1-6)	重要
	成矿区(带)	滨太平洋成矿域(叠加在古亚洲成矿域之上)(Ⅰ-4),大兴安岭成矿省(Ⅱ-12),林西-孙吴 Pb-Zn-Cu-Mo-Au 成矿带(Ⅵ₁、Ⅰ₁、Ym)(Ⅲ-8),索伦镇-黄岗 Fe(Sn)-Cu-Zn 成矿亚带(Ⅲ-8-①)	重要
	成矿环境	燕山期低温含矿热液沿构造裂隙上侵	重要
	含矿岩体	燕山早期正长花岗岩为矿体形成的成矿母岩,该花岗岩低温热液多期次沿构造上侵,为成矿提供必要热源	必要
	成矿时代	燕山期	重要
矿床特征	矿体形态	矿体呈脉状、透镜状	重要
	岩石类型	正长花岗岩、细粒黑云母斑状花岗岩、中粒花岗岩	重要
	岩石结构	细粒结构、细粒斑状结构、中粒结构	次要
	矿物组合	矿石矿物:萤石; 脉石矿物:石英、玉髓、方解石	重要
	结构构造	花岗结构;块状、角砾状构造	次要
	蚀变特征	硅化、绢云母化、角岩化	重要
	控矿条件	燕山早期的正长花岗岩为成矿母岩,该期花岗岩岩浆热液沿构造裂隙上侵,侵入到寿山沟组中	必要
		矿体严格受张扭性正断层及其断裂破碎带控制	必要
区内相同类型矿产		成矿区带内有1个中型矿床,1个小型矿床,3个矿(化)点	重要

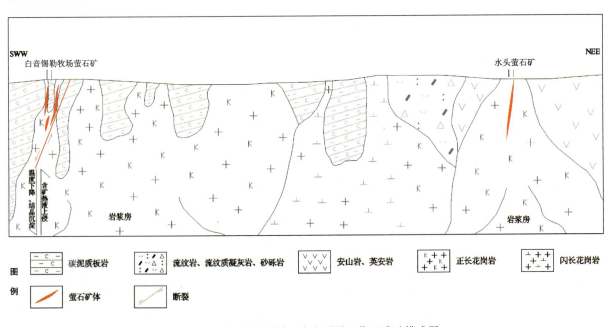

图4-29 白音锡勒牧场-水头预测工作区成矿模式图

第五章　内蒙古自治区萤石矿预测成果

第一节　预测方法类型及预测模型区选择

一、预测方法类型选择

内蒙古自治区已知萤石矿,按成因类型可划分为沉积改造型矿床、热液充填型矿床以及伴生型萤石矿床,其中以热液充填型萤石矿床为主。

根据对各个典型矿床的研究,结合预测工作区大地构造环境、主要控矿因素、成矿作用特征等,确定预测方法类型采用层控内生型和侵入岩体型两类(表5-1)。

表5-1　内蒙古萤石矿预测方法类型划分一览表

序号	预测方法类型	预测工作区	采用的典型矿床或模型矿床	预测底图
1	层控内生型	苏莫查干敖包-敖包吐预测工作区	苏莫查干萤石矿	1:10万建造构造图
2	侵入岩体型	神螺山预测工作区	神螺山萤石	1:10万侵入岩浆构造图
3		东七一山预测工作区	东七一山萤石矿	
4		哈布达哈拉-恩格勒预测工作区	思格勒萤石矿	
5		库伦敖包-刘满壕预测工作区	巴音哈太萤石矿	
6		黑沙图-乌兰布拉格预测工作区	黑沙图萤石矿	
7		白音脑包-赛乌苏预测工作区	白音脑包萤石矿	
8		白彦敖包-石匠山预测工作区	白彦敖包萤石矿	
9		东井子-太仆寺东郊预测工作区	太仆寺东郊萤石矿	
10		跃进预测工作区	跃进萤石矿	
11		苏达勒-乌兰哈达预测工作区	苏达勒萤石矿	
12		大西沟-桃海预测工作区	大西沟萤石矿	
13		白杖子-陈道沟预测工作区	陈道沟萤石矿	
14		昆库力-旺石山预测工作区	昆库力萤石矿	
15		哈达汗-诺敏山预测工作区	哈达汗萤石矿	
16		协林-六合屯预测工作区	六合屯萤石矿	
17		白音锡勒牧场-水头预测工作区	白音锡勒牧场萤石矿	

其中，采用苏莫查干敖包萤石矿、东七一山萤石矿、恩格勒萤石矿、苏达勒萤石矿、大西沟萤石矿、昆库力萤石矿6个矿床作为典型矿床研究，其余11个萤石矿作为预测工作区中的已知矿床，在资源量估算时采用其含矿率。

此次预测工作结合内蒙古萤石矿地质矿产工作程度等因素，按矿产预测方法类型，以及编制的预测底图、成矿要素图、预测要素图为基础，进行信息转换，将预测要素转换为预测信息让计算机识别，然后进行预测区圈定和预测资源量估算。由于缺少大比例尺物化遥自然重砂等信息资料，因此采用MRAS矿产资源GIS评价系统中少模型工程法优选圈定面积，利用地质单元法进行定位预测，主要内容包括已有萤石矿的矿产地资料、1:5万及更大比例尺的萤石矿区域远景调查及萤石矿区地质普查-勘探资料综合而成，资料截止日期为2009年底。部分资料采用最新的勘查较高、质量较好、较新的资料内容。

预测方法分为定位预测和定量预测。

二、预测模型区选择

根据全国矿产资源潜力评价项目办公室《预测资源量估算技术要求》(2010年补充)以及2010年12月11日下发的《脉状矿床预测资源量估算方法的意见》，选择各个预测工作区典型矿床或预测工作区内具有代表性的已知矿床所在的最小预测区作为模型区。模型区是在预测底图上，经MARS软件定位预测后，再根据含矿矿体、含矿构造的分布范围手工优化圈定。

第二节 预测模型与预测要素

以苏莫查干敖包萤石矿、东七一山萤石矿、恩格勒萤石矿、苏达勒萤石矿、大西沟萤石矿、昆库力萤石矿等6个典型矿床所在的预测工作区为例进行阐述，其他11个预测工作区的内容基本相同，不再赘述。

一、苏莫查干敖包-敖包吐预测工作区

(一)典型矿床预测模型

由于苏莫查干敖包矿区没有大比例尺物探资料，只能根据典型矿床成矿要素，确定典型矿床预测要素，编制典型矿床预测要素图。为表达典型矿床所在地区的区域物探特征，采用1:50万航磁ΔT等值线平面图、航磁ΔT化极等值线平面图、航磁ΔT化极垂向一阶导数等值线平面图、布格重力异常图、剩余重力异常图及重力推断地质构造图编制了苏莫查干敖包矿区萤石矿典型矿床所在区域地质矿产及物探剖析图，能够满足预测要求(图5-1)。

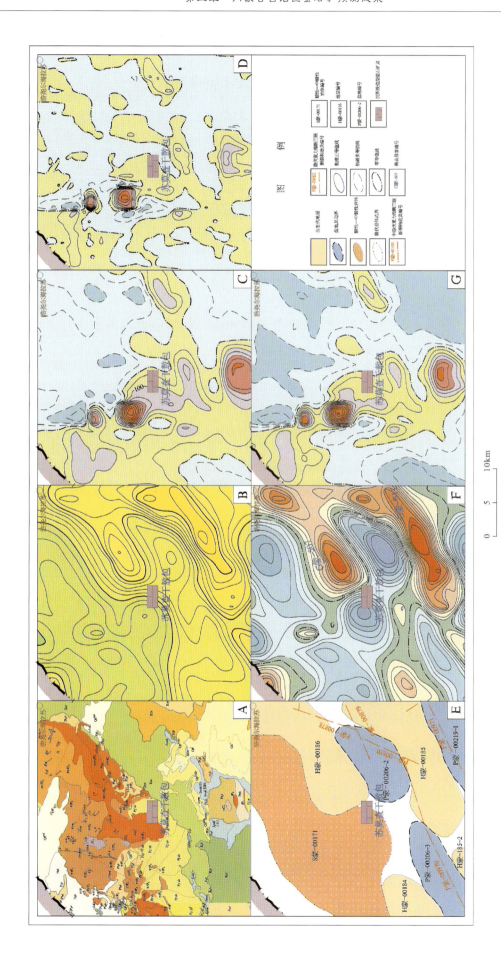

图 5-1 苏莫查干敖包矿区萤石矿典型矿床所在区域地质矿产及物探剖析图

A. 地质矿产图；B. 布格重力异常图；C. 航磁ΔT等值线平面图；D. 航磁ΔT化极垂向一阶导数等值线平面图；E. 重力推断地质构造图；F. 剩余重力异常图；G. 航磁ΔT化极等值线平面图

以典型矿床成矿要素图为基础，综合研究重力、地球化学等综合找矿信息，总结典型矿床预测要素见表 5-2。

表 5-2　苏莫查干敖包矿区典型矿床预测要素表

预测要素		描述内容			要素分类
	储量	矿石量：$20\,330×10^3$ t； CaF_2：$12\,962.41×10^3$ t	平均品位	CaF_2：63.76%	
	特征描述	沉积-改造（层控内生）型层状萤石矿床			
地质环境	构造背景	蒙古弧形褶皱带与新华夏构造体系的复合部位			重要
	成矿环境	矿体赋存于大石寨组碳酸盐岩地层中，后期经过燕山晚期岩浆热液改造			重要
	含矿岩系	苏莫查干敖包萤石矿产于二叠系大石寨组三岩段，主要萤石矿体赋存于大石寨组三岩段底部，含矿岩性为结晶灰岩			必要
	成矿时代	沉积成矿时代为二叠纪；改造成矿时代为燕山期			重要
矿床特征	矿体形态	层状、似层状			重要
	岩石类型	碳质板岩、绢云绿泥碳质板岩、绢云绿泥斑点板岩、结晶灰岩、大理岩			重要
	岩石结构	变余泥质结构、细粒变晶结构、隐晶质结构			次要
	矿物组合	矿石矿物：萤石； 金属矿物：黄铁矿、黄铜矿、闪锌矿、磁黄铁矿等； 脉石矿物：石英、方解石、蛋白石、玉髓			重要
	结构构造	矿石结构：自形—半自形粒状结构、他形粒状结构、伟晶结构； 矿石构造：块状构造、纹层状构造、角砾状构造、同心圆状构造、梳状构造、蜂窝状构造、皮壳状构造、葡萄状构造等			次要
	蚀变特征	绢云母化、硅化、碳酸盐化、高岭土化等			重要
	控矿条件	褶皱构造			必要
		断裂构造			必要
		中二叠统大石寨组第三岩段			必要
		燕山晚期花岗岩侵入体			必要
	地球化学	萤石矿所在区域 F 地球化学特征值表现为高异常，F 地球化学异常值高于 $573×10^{-6}$			重要

典型矿床预测模型图的编制，是以矿床综合剖面为基础，叠加化探 F 异常剖面图形成（图 5-2）。

（二）模型区深部及外围资源潜力预测

1. 典型矿床已查明资源储量及其估算参数

查明资源量来自于截至 2009 年底《内蒙古自治区矿产资源储量表》，品位及体重依据均来源于内蒙古自治区一○二地质队 1987 年 6 月提交的《内蒙古自治区四子王旗苏莫查干敖包矿区萤石矿初步勘探地质报告》（以下简称《报告》）。由于矿体受地层控制，地层产状与区内总体构造线一致，萤石矿体沿走向和倾向呈舒缓波状起伏，局部产状会有所变化，根据《报告》资料，地层倾角在 20°～55°之间，取平均倾角为 35°，矿床面积（$S_{总}$）是在 1∶2 000 矿区地形地质图上利用 MapGIS 软件量得面积后，根据含矿地层平均产状换算成斜面积获得（图 5-3）；矿体延深（$t_{查}$）依据《报告》中提到的矿体相关数据加以确定，全矿区矿体厚度极限为 0.45～22.48m，平均为 5.55m。典型矿床体积含矿率＝查明资源储量/面积（$S_{总}$）×

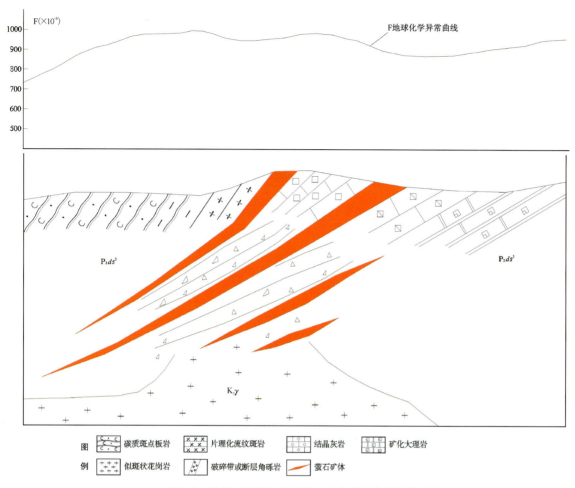

图 5-2 苏莫查干敖包矿区萤石矿典型矿床预测模型图

延深($t_查$)＝12 962 410/(4 408 883×5.55)＝0.530(公式中查明资源储量均为 CaF_2 资源储量,下同)。具体数据见表 5-3。

表 5-3 苏莫查干敖包矿区萤石矿典型矿床查明资源量储量表

编号	名称	查明资源储量(t)		面积(m^2)	延深(m)	品位(%)	体积含矿率(t/m^3)
		矿石量	CaF_2				
1	苏莫查干敖包萤石矿	20 330 000	12 962 410	4 408 883	5.55	63.76	0.530

2. 典型矿床深部及外围预测资源量及其估算参数

1)典型矿床深部预测资源量的确定

矿区内主要以钻孔控制了萤石矿体的空间分布,在 05 勘探线沿倾斜控制矿体最大斜深为 1 200m,最大垂深为 588.26m,《报告》中提到,虽沿斜深已控制 1 200m,但沿走向及倾向均没有控制矿床(或含矿层)的尖灭点,说明钻孔最深处以下还有发现萤石矿体的可能,《报告》中还提到,鉴于苏莫查干萤石矿产于倾角较缓的背斜轴部,推测 ZK0526 孔沿 40°～50°方向线型背斜轴部仍有萤石矿体存在,而延深在 500m 左右,最大延深不超过 600m,由于地层的倾角较小,矿体属于缓倾斜矿体,因此,在典型矿床见矿垂直深度为 588.26m 的基础上向下推垂深 10m 作为参考值,为方便计算矿床深部资源量,将 10m 垂深

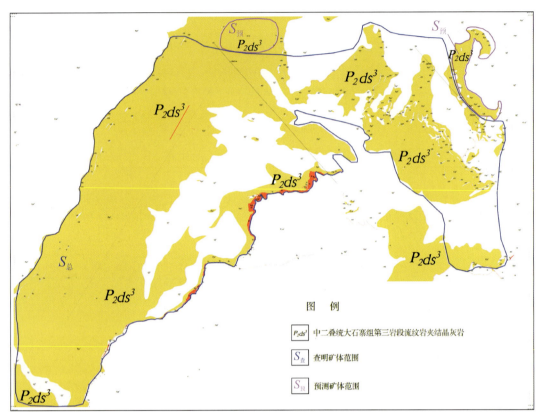

图 5-3 苏莫查干萤石矿矿区地质略图

按矿体的平均倾角 35°折算成假想的深部萤石矿体的真厚度,即 $t_{预}$,换算后得 $t_{预}$ 为 8.2m,典型矿床深部预测资源量＝面积($S_{总}$)×延深($t_{预}$)×典型矿床体积含矿率＝4 408 883×8.2×0.530＝19 161 006(t)。

2)典型矿床外围预测资源量的确定

由上述可知,在 ZK0526 孔沿 40°~50°方向线型背斜轴部可能有萤石矿体存在,《报告》中"扩大矿区矿床远景的方向"一节中提到,20 线以北(或北北东)地区褶皱构造极为复杂,是成矿的有利地段,因此,结合钻孔在矿区中控制的矿体的空间位置分布状况以及构造和地层产状等特征,在外围圈定了两个重要远景区进行资源量预测(图 5-3),总面积($S_{预}$)在 MapGIS 下量得并换算后为 171 917m²,5.55m 作为外围预测延深($t_{查}$),典型矿床外围预测资源量＝面积($S_{预}$)×延深($t_{查}$)×典型矿床体积含矿率＝171 917×5.55×0.530＝505 694(t),详见表 5-4。

表 5-4 苏莫查干敖包矿区萤石矿典型矿床深部和外围预测资源量表

编号	名称	分类	面积(m²)	延深(m)	体积含矿率(t/m³)	预测资源量 CaF_2(t)
1	苏莫查干敖包萤石矿	深部	4 408 883	8.2	0.530	19 161 006
		外围	171 917	5.55	0.530	505 694

3)典型矿床总资源量

苏莫查干敖包典型矿床总资源量＝查明资源量＋预测资源量＝12 962 410＋19 161 006＋505 694＝32 629 110(t);典型矿床总面积:典型矿床总面积＝查明部分矿床面积＋预测外围部分矿床面积＝4 408 883＋171 917＝4 580 800(m²)。总延深＝查明部分矿床延深($t_{查}$)＋深部推深($t_{预}$)＝13.75(m)。

由此,可知,典型矿床含矿系数＝典型矿总资源量/(典型矿床总面积×典型矿床总延深)＝32 629 110/(4 580 800×13.75)＝0.518(t/m³),详见表 5-5。

表 5-5 苏莫查干敖包矿区萤石矿典型矿床总资源量表

编号	名称	查明资源量 $CaF_2(t)$	预测资源量 $CaF_2(t)$	总资源量 $CaF_2(t)$	总面积 (m^2)	总延深 (m)	含矿系数 (t/m^3)
1	苏莫查干敖包萤石矿	12 962 410	19 666 700	32 629 110	4 580 800	13.75	0.518

(三)预测工作区预测模型

根据预测工作区区域成矿要素和物探重力、化探资料,建立了本预测区的区域预测要素,并编制预测工作区预测要素图和预测模型图。

区域预测要素图以区域成矿要素图为基础,综合研究重力、化探等综合致矿信息,总结区域预测要素见表5-6。

预测模型图的编制,是以地质剖面图为基础,叠加区域化探异常剖面图而形成,简要表示了预测要素内容及其相互关系,以及时空展布特征(图5-4)。

表 5-6 苏莫查干敖包-敖包吐预测工作区预测要素表

区域预测要素 特征描述		描述内容 沉积改造型萤石矿	要素分类
地质环境	大地构造位置	天山-兴蒙造山系(Ⅰ),大兴安岭弧盆系(Ⅰ-1),锡林浩特岩浆(Ⅰ-1-6)	重要
	成矿区(带)	滨太平洋成矿域(Ⅰ-4),大兴安岭成矿省(Ⅱ-12),阿巴嘎-霍林河Cr-Cu(Au)-Ge-煤-天然碱-芒硝成矿带(Ⅲ-7),苏莫查干敖包-二连萤石-Mn成矿亚带(Ⅲ-7-④)	重要
	成矿环境	潮下带	重要
	含矿岩系	二叠系大石寨组三岩段底部,含矿层由碳酸盐岩建造所构成	必要
	成矿时代	沉积成矿时代为二叠纪;改造成矿时代为燕山期	重要
矿床特征	矿体形态	层状、似层状	重要
	岩石类型	碳质板岩、绢云绿泥碳质板岩、结晶灰岩、大理岩	重要
	岩石结构	变余泥质结构、细粒变晶结构	次要
	矿物组合	矿石矿物:萤石; 金属矿物:黄铁矿、黄铜矿、闪锌矿、磁黄铁矿等	重要
	结构构造	自形—半自形粒状结构、他形粒状结构、伟晶结构; 块状构造、纹层状构造、角砾状构造、梳状构造	次要
	蚀变特征	绢云母化、硅化、碳酸盐化、高岭土化	重要
	控矿条件	褶皱构造、断裂构造	必要
		中二叠统大石寨组底部碳酸盐岩、泥岩建造	必要
		白垩纪(燕山晚期)花岗岩侵入体	必要
区内相同类型矿产		成矿区带内有1个特大型矿床,3个中型矿床	重要
地球化学		苏莫查干敖包萤石矿处于区域F地球化学异常高异常区,F异常值介于$(573\sim806)\times10^{-6}$之间	重要

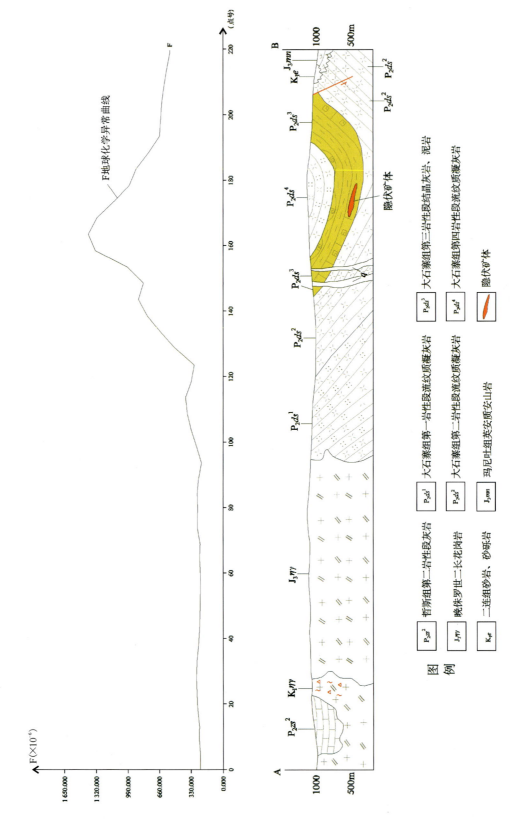

图 5-4 苏莫查干敖包-散包吐预测工作区预测模型图

二、东七一山预测工作区

(一)典型矿床预测模型

由于东七一山矿区没有大比例尺物探资料,只能根据典型矿床成矿要素,确定典型矿床预测要素,编制典型矿床预测要素图。为表达典型矿床所在地区的区域物探特征,采用 1:50 万航磁 ΔT 等值线平面图、航磁 ΔT 化极等值线平面图、航磁 ΔT 化极垂向一阶导数等值线平面图、布格重力异常图、剩余重力异常图及重力推断地质构造图编制了东七一山矿区萤石矿典型矿床所在区域地质矿产及物探剖析图,基本能满足预测要求(图 5-5)。

以典型矿床成矿要素图为基础,综合研究重力、地球化学等综合找矿信息,总结典型矿床预测要素见表 5-7。

表 5-7 东七一山矿区萤石矿典型矿床预测要素表

预测要素		描述内容			要素分类
储量		矿石量:680.13×10³ t; CaF_2:555.39×10³ t	平均品位	CaF_2:81.66%	
特征描述		低温热液充填型脉状萤石矿床			
地质环境	构造背景	本区以断裂构造为主,绝大多数与成矿有关,且为成矿前断裂,以北东向和近于南北向的两组断裂最为发育,为矿液运移和沉淀提供了良好的场所			重要
	成矿环境	萤石矿受构造控制,沿构造裂隙充填,矿体与围岩界线清楚,交代现象不明显			重要
	含矿岩体	本区萤石矿赋存于古生界中上志留统公婆泉组和海西中期细粒—中粗粒花岗岩体中,细粒—中粗粒花岗岩为本区萤石矿形成提供了丰富的物质来源和热源,是萤石矿的成矿母岩			必要
	成矿时代	石炭纪(海西期)			重要
矿床特征	矿体形态	矿体主要以脉状、囊状、扁豆状形式产出			重要
	岩石类型	中粗粒花岗岩、安山岩、英安岩、大理岩、安山质凝灰岩			重要
	岩石结构	细粒—中粗粒花岗结构、安山结构、凝灰结构			次要
	矿物组合	矿石矿物:萤石; 脉石矿物:石髓、石英、方解石、褐铁矿			重要
	结构构造	矿石结构:以他形—半自形细结构为主,次为自形中粗粒—巨粒结构; 矿石构造:以块状、条带状、晶洞状构造为主,次为同心圆状及角砾状构造			次要
	蚀变特征	高岭土化、褐铁矿化、硅化			重要
	控矿条件	断裂构造			必要
		石炭纪(海西期)细粒—中粗粒花岗岩体			必要
地球化学		F 异常面积大,强度高,浓集中心部位与地层和岩体的接触带、矿体相吻合			重要

典型矿床预测模型图的编制,是以矿床剖面为基础,叠加化探 F 异常剖面图形成(图 5-6)。

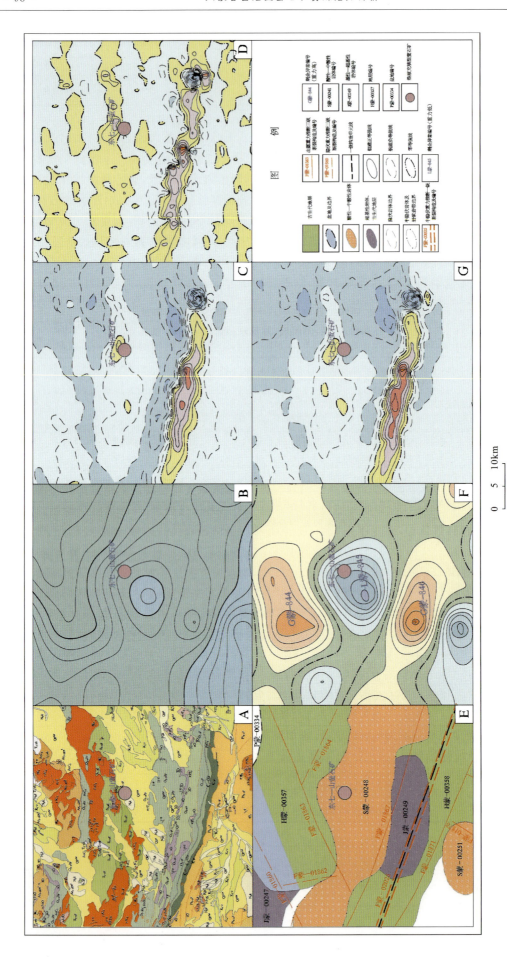

图 5-5 东七一山矿区萤石矿典型矿床所在区域地质矿产及物探剖析图

A.地质矿产图；B.布格重力异常图；C.航磁ΔT等值线平面图；D.航磁ΔT化极垂向一阶导数等值线平面图；E.重力推断地质构造图；F.剩余重力异常图；G.航磁ΔT化极等值线平面图

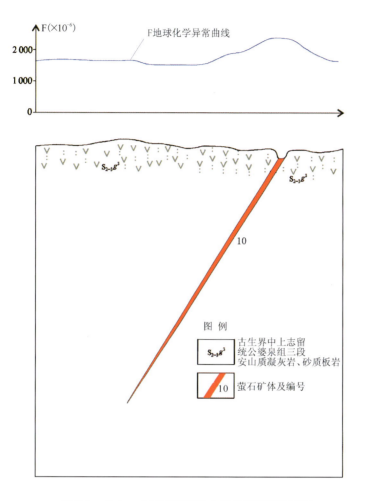

图 5-6　东七一山矿区萤石矿典型矿床预测模型图

(二)模型区深部及外围资源潜力预测

1. 典型矿床已查明资源储量及其估算参数

已查明的典型矿床资源量、体重及 CaF_2 品位依据、均来源于甘肃省地质局第四地质队革命委员会 1975 年 10 月提交的《甘肃省额济纳旗东七一山萤石矿区普查评价报告》。矿床面积($S_{总}$)是根据 1∶5 000 矿区地质图(图 5-7),在 MapGIS 软件下读取数据;矿体延深($L_{查}$)依据控制矿体最深的 01 勘探线剖面图确定(图 5-8),具体数据见表 5-8。

典型矿床体积含矿率＝查明资源储量/面积($S_{总}$)×延深($L_{查}$)＝555 392/(2 428 378×90)＝0.002 5(t/m³)。

表 5-8　东七一山矿区萤石矿典型矿床查明资源量储量表

编号	名称	查明资源储量(t)		面积(m²)	延深(m)	品位(%)	体积含矿率(t/m³)
		矿石量	CaF_2				
1	东七一山萤石矿	680 127	555 392	2 428 378	90	81.66	0.002 5

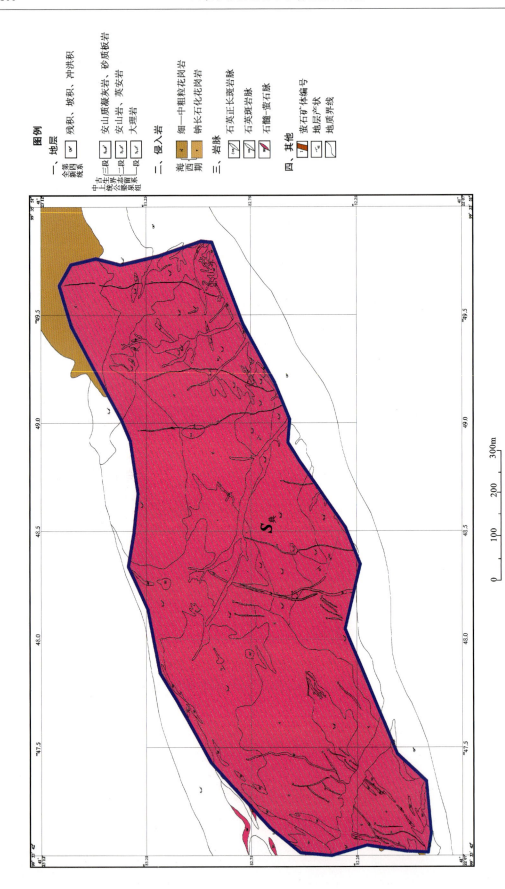

图 5-7 内蒙古自治区东七一山矿区萤石矿矿区地质图

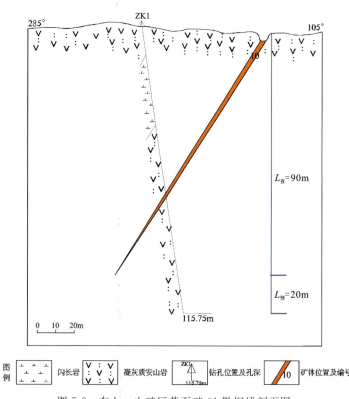

图 5-8　东七一山矿区萤石矿 01 勘探线剖面图

2. 典型矿床深部预测资源量及其估算参数

1）典型矿床深部预测资源量的确定

根据东七一山矿区 01 勘探线剖面图,最大控制垂深 90m,但 90m 以下含矿地层仍存在,且地层产状比较稳定,依据含矿地层分布规律,确定预测延深 20m($L_{预}$),面积采用查明资源储量的矿床面积($S_{总}$)。典型矿床深部预测资源量＝面积($S_{总}$)×延深($L_{预}$)×典型矿床体积含矿率＝2 428 378m²×20m×0.002 5t/m³＝121 419t,详见表 5-9。

根据东七一山典型矿床成矿地层的走向和延深以及控矿断裂构造分布情况,推断外围成矿条件不理想,故本次未进行典型矿床外围预测,只对深部进行了预测。

表 5-9　东七一山矿区萤石矿典型矿床深部预测资源量表

编号	名称	分类	面积(m²)	延深(m)	体积含矿率(t/m³)	预测资源量 CaF_2(t)
1	东七一山萤石矿	深部	2 428 378	20	0.002 5	121 419

2）典型矿床总资源量

东七一山典型矿床总资源量＝查明资源储量＋预测资源量＝555 392＋121 419＝676 811(t);典型矿床总面积＝查明部分矿床面积＝2 428 378(m²)。典型矿床总延深＝查明部分矿床延深($L_{查}$)＋深部推深($L_{预}$)＝90＋20＝110(m)。

东七一山典型矿床含矿系数＝典型矿总资源量/(典型矿床总面积×典型矿床总延深)＝676 811÷(2 428 378×110)＝0.002 5(t/m³),详见表 5-10。

表 5-10 东七一山矿区萤石矿典型矿床总资源量表

编号	名称	查明资源量 CaF$_2$(t)	预测资源量 CaF$_2$(t)	总资源量 CaF$_2$(t)	总面积 (m^2)	总延深 (m)	含矿系数 (t/m^3)
1	东七一山萤石矿	555 392	121 419	676 811	2 428 378	110	0.002 5

(三)预测工作区预测模型

根据预测工作区区域成矿要素和物探重力、化探资料,总结本预测区的区域预测要素见表 5-11。

表 5-11 东七一山预测工作区预测要素表

区域预测要素		描述内容	要素分类
特征描述		热液充填型萤石矿床	
地质环境	大地构造位置	天山-兴蒙造山系(Ⅰ),额济纳旗-北山弧盆系(Ⅰ-9),公婆泉岛弧(Ⅰ-9-4)	重要
	成矿区(带)	古亚洲成矿域(Ⅰ-1),塔里木成矿省(Ⅱ-4),磁海-公婆泉 Fe-Cu-Au-Pb-Zn-W-Sn-Rb-V-U-P 成矿带(Ⅲ-2),石板井-东七一山 W-Mo-Cu-Fe-萤石成矿亚带(Ⅲ-2-①)	重要
	成矿环境	萤石矿赋存于北东向和近南北向两组断裂构造带内	重要
	含矿岩体	中生界中上志留统公婆泉组大理岩、安山岩、英安岩安山质凝灰岩、砂质板岩	必要
	成矿时代	石炭纪(海西期)	重要
矿床特征	矿体形态	矿体主要以脉状、囊状、扁豆状形式产出	重要
	岩石类型	大理岩、安山岩、英安岩、安山质凝灰岩、砂质板岩	重要
	岩石结构	斑状结构、凝灰结构、变晶结构	次要
	矿物组合	主要矿物有萤石、石髓、石英、方解石、褐铁矿	重要
	结构构造	他形—半自形细粒结构;块状、条带状、晶洞状构造	次要
	蚀变特征	主要为硅化、高岭土化、褐铁矿化	重要
	控矿条件	断裂构造	必要
		石炭纪花岗闪长岩、石英闪长岩岩体	必要
区内相同类型矿产		成矿区带内有 1 个中型矿床	重要
地球化学		F 元素是预测区呈富集状态的主要成矿元素,西北—东南一带以南大部以高背景区和较高背景区为主,呈不规则长条状,以北大部以低背景区和背景区为主。区内 F 异常主要集中在东南大部,多为一级异常,且面积一般不大,仅萤石矿地区有一处较大的三级异常,异常强度高,浓集中心清晰,梯度变化大。东七一山典型矿床与 F 异常中心吻合较好	重要

预测模型图的编制,是以地质剖面图为基础,叠加区域化探异常剖面图而形成,简要表示了预测要素内容及其相互关系,以及时空展布特征(图 5-9)。

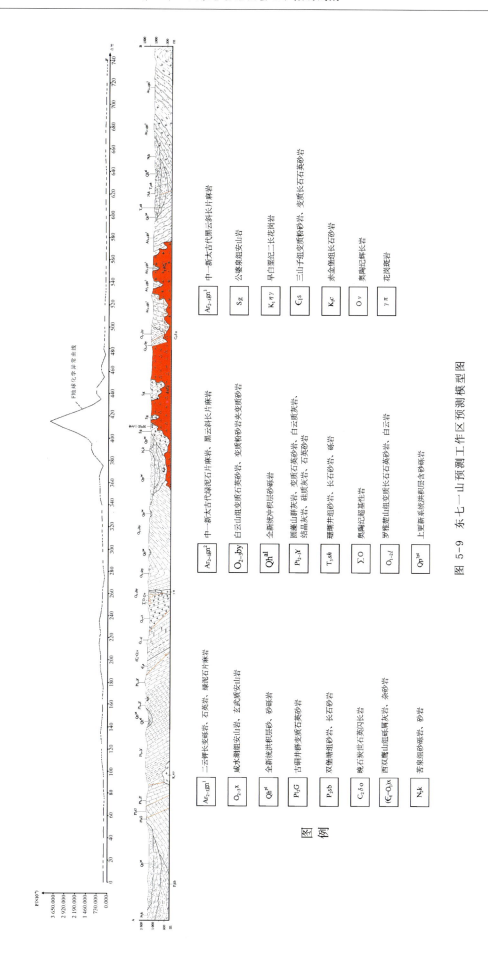

图 5-9 东七一山预测工作区预测模型图

三、哈布达哈拉-恩格勒预测工作区

(一)典型矿床预测模型

由于恩格勒矿区没有大比例尺物探资料,只能根据典型矿床成矿要素,确定典型矿床预测要素,编制典型矿床预测要素图。为表达典型矿床所在地区的区域物探特征,采用1:50万航磁ΔT等值线平面图、航磁ΔT化极等值线平面图、航磁ΔT化极垂向一阶导数等值线平面图、布格重力异常图、剩余重力异常图及重力推断地质构造图编制了恩格勒矿区萤石矿典型矿床所在区域地质矿产及物探剖析图,基本能满足预测要求(图5-10)。

以典型矿床成矿要素图为基础,综合研究重力、地球化学等综合找矿信息,总结典型矿床预测要素见表5-12。

表5-12 恩格勒矿区萤石矿典型矿床预测要素表

预测要素		描述内容			要素分类
储量		矿石量:281.9×10^3 t; CaF_2:175.4×10^3 t	平均品位	CaF_2:62.22%	
特征描述		热液充填型萤石矿			
地质环境	构造背景	华北地台西缘阿拉善台陆(地块)			重要
	成矿环境	印支期花岗岩岩浆热液沿南北向断裂充填,为成矿提供热源及成矿物质			重要
	含矿岩体	中粗粒花岗岩本身含有萤石,并提供后期成矿热液,黑云母二长花岗岩同为成矿所必要的热源			必要
	成矿时代	印支期			重要
矿床特征	矿体形态	矿体呈脉状产出			重要
	岩石类型	岩性为硅化绢云母花岗岩、肉红色黑云母二长花岗岩、硅化电气石化花岗岩、细粒花岗岩			重要
	岩石结构	中粗粒残余结构、中粗粒花岗结构、交代残留结构			次要
	矿物组合	矿石矿物:萤石; 脉石矿物:石英、玉髓及围岩角砾			重要
	结构构造	矿石结构:以不等粒他形粒状结构为主,次为隐晶质结构、压碎结构; 矿石构造:块状、角砾状构造,次为条带状、环带状、网格状及蜂窝状构造			次要
	蚀变特征	以硅化、绢云母化为主,次为高岭土化、黄铁矿化及绿泥石化			重要
	控矿条件	矿体赋存于印支期黑云母花岗岩与奥陶纪蚀变闪长岩的接触带处,而花岗岩体本身含有萤石,黑云母二长花岗岩提供热液来源			必要
		矿体严格受断层控制,矿体与断层产状一致,与围岩界线清楚			必要
	地球化学	萤石矿处于区域F地球化学异常高异常区,矿床F地球化学异常值高于806×10^{-6}			重要

典型矿床预测模型图的编制,是以矿床剖面为基础,叠加化探F异常剖面图形成(图5-11)。

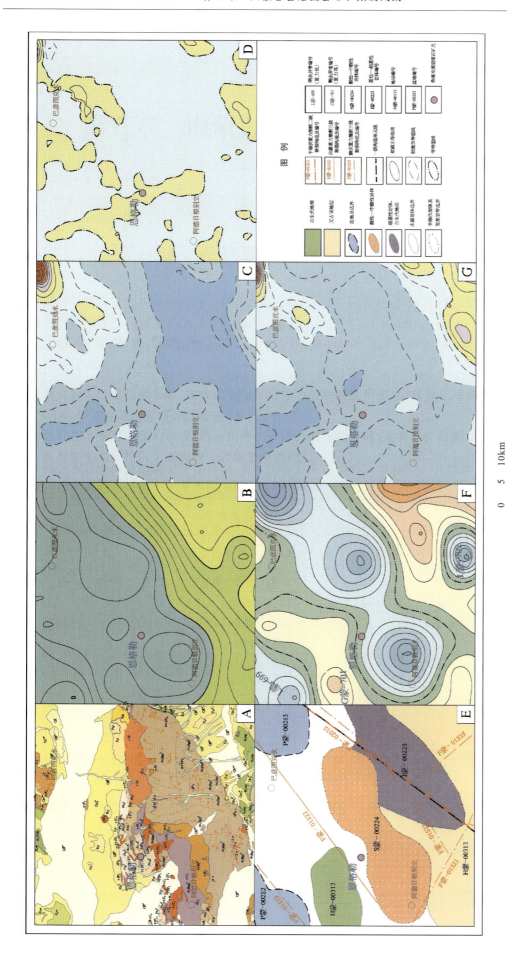

图 5-10 恩格勒矿区萤石矿典型矿床所在区域地质矿产及物探剖析图

A.地质矿产图；B.布格重力异常图；C.航磁ΔT等值线平面图；D.航磁ΔT化极垂向一阶导数等值线平面图；
E.重力推断地质构造图；F.剩余重力异常图；G.航磁ΔT化极等值线平面图

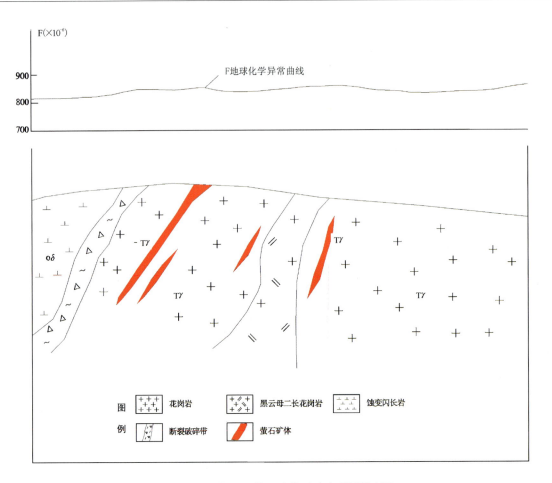

图 5-11 恩格勒矿区萤石矿典型矿床预测模型图

(二)模型区深部及外围资源潜力预测

1. 典型矿床已查明资源储量及其估算参数

查明资源量、品位及体重依据均来源于内蒙古自治区一○八地质队 1987 年 10 月提交的《内蒙古自治区阿拉善左旗恩格勒萤石矿东矿详细普查地质报告》(以下简称《报告》)。矿床面积($S_总$)是根据 1∶2 000 矿床地形地质图,在 MapGIS 软件下读取面积数值(图 5-12);矿体延深($L_查$)依据控制矿体最深 3 线钻孔 ZK302 确定,钻孔控制矿体最深为 127m,典型矿床体积含矿率=查明资源储量/面积($S_总$)×延深($L_查$)=175 400/(4 736×127)=0.292,具体数据见表 5-13。

表 5-13 恩格勒矿区萤石矿典型矿床查明资源量储量表

编号	名称	查明资源储量(t)		面积 (m²)	延深 (m)	品位 (%)	体重 (t/m³)	体积含矿率 (t/m³)
		矿石量	CaF$_2$					
1	恩格勒萤石矿	281 900	175 400	4 736	127	62.22	2.98	0.292

2. 典型矿床深部及外围预测资源量及其估算参数

1) 典型矿床深部预测资源量的确定

矿区内矿体主要由钻孔控制,已查明资源量估算矿体最深为127m,而根据钻孔资料,控制矿体最深的钻孔为3线ZK302,钻孔垂深为143.87m,仍见有花岗岩并且未见底,另外,原《报告》中提到,0线以及4线的矿体还有延深,尤其是0线深部矿体厚度还有增大,有进一步扩大储量的可能,因为深部涌水量大,并无较大的经济意义,0线钻孔ZK0-3斜深为140.3m,且根据钻孔,超过斜深140.3m仍见有花岗岩,结合各钻孔见矿情况以及花岗岩体出露情况,本次矿床深部下推20m深作为$L_{预}$,典型矿床深部预测资源量=面积($S_{总}$)×延深($L_{预}$)×典型矿床体积含矿率=4 736×20×0.292=25 555.84(t)。

2) 典型矿床外围预测资源量的确定

据原报告,在F_1断层向北东方向偏转处是扩大远景的有利地段之一,另外在F_4断层中,地表矿体厚度及品位达到贫矿要求,亦是扩大远景的有利地段(图5-12)。总面积($S_{预}$)在MapGIS下量得为955m²,127m作为外围预测延深($L_{查}$),典型矿床外围预测资源量=面积($S_{预}$)×延深($L_{查}$)×典型矿床体积含矿率=955×127×0.292=35 415.22(t),详见表5-14。

表5-14 恩格勒矿区萤石矿典型矿床深部及外围预测资源量表

编号	名称	分类	面积(m²)	延深(m)	体积含矿率(t/m³)	预测资源量 CaF₂(t)
1	恩格勒萤石矿	深部	4 736	20	0.292	25 555.84
		外围	955	127	0.292	35 415.22

3) 典型矿床总资源量

恩格勒典型矿床总资源量=查明资源量+预测资源量=175 400+25 555.84+35 415.22=236 371.06(t);典型矿床总面积:典型矿床总面积=查明部分矿床面积+预测外围部分矿床面积=4 736+955=5 691(m²)。总延深=查明部分矿床延深($L_{查}$)+深部推深($L_{预}$)=127+20=147(m)。

典型矿床含矿系数=典型矿总资源量/(典型矿床总面积×典型矿床总延深)=236 371.06/(5 691×147)=0.283(t/m³),详见表5-15。

表5-15 恩格勒矿区萤石矿典型矿床总资源量表

编号	名称	查明资源量 CaF₂(t)	预测资源量 CaF₂(t)	总资源量 CaF₂(t)	总面积(m²)	总延深(m)	含矿系数(t/m³)
1	恩格勒萤石矿	175 400	60 971.06	236 371.06	5 691	147	0.283

(三) 预测工作区预测模型

根据预测工作区区域成矿要素和物探重力、化探资料,总结本预测区的区域预测要素见表5-16。

表 5-16 哈布达哈拉-恩格勒预测工作区预测要素表

区域预测要素		描述内容	要素分类
特征描述		热液充填型萤石矿床	
地质环境	大地构造位置	华北陆块区(Ⅱ),阿拉善陆块(Ⅱ-7),迭布斯格-阿拉善右旗陆缘岩浆弧(Ⅱ-7-1)	重要
	成矿区(带)	古亚洲成矿域(Ⅰ-1),华北西部(地台)成矿省(Ⅱ-14),阿拉善(台隆)Cu-Ni-Pt-Fe-REE-P-石墨-芒硝-盐成矿亚带(Pt、Pz、Kz)(Ⅲ-3),碱泉子-卡休他他-沙拉西别 Au-Cu-Fe-Pt 成矿亚带(C、Vm、Q)(Ⅲ-3-①)	重要
	成矿环境	印支期含矿热液沿构造裂隙侵入	重要
	含矿岩体	印支期中粗粒花岗岩、黑云二长花岗岩为成矿提供热液,似斑状二长花岗岩与碱长花岗岩同为矿体形成的母岩	必要
	成矿时代	印支期	重要
矿床特征	矿体形态	脉状	重要
	岩石类型	花岗岩、黑云母二长花岗岩	重要
	岩石结构	中粗粒花岗结构	次要
	矿物组合	矿石矿物:萤石; 脉石矿物:玉髓、石英	重要
	结构构造	花岗结构、中粗粒花岗结构;块状、角砾状构造	次要
	蚀变特征	硅化、绢云母化、高岭土化	重要
	控矿条件	印支期花岗岩、黑云母二长花岗岩、似斑状二长花岗岩以及碱长花岗岩为成矿提供了必要的物质来源与热源	必要
		矿体严格受断裂构造控制,是成矿的有利场所,矿体与断层产状一致	必要
区内相同类型矿产		成矿区带内有 1 个小型矿床,1 个中型矿床	重要
地球化学		萤石矿处于区域 F 地球化学异常高异常区,矿床 F 地球化学异常值高于 806×10^{-6},异常最高起始值为 $1\,003 \times 10^{-6}$	重要

预测模型图的编制,是以地质剖面图为基础,叠加区域化探异常剖面图而形成,简要表示了预测要素内容及其相互关系,以及时空展布特征(图 5-13)。

四、苏达勒-乌兰哈达预测工作区

(一)典型矿床预测模型

由于苏达勒矿区没有大比例尺物探资料,只能根据典型矿床成矿要素,确定典型矿床预测要素,编制典型矿床预测要素图。为表达典型矿床所在地区的区域物探特征,采用 1∶50 万航磁 ΔT 等值线

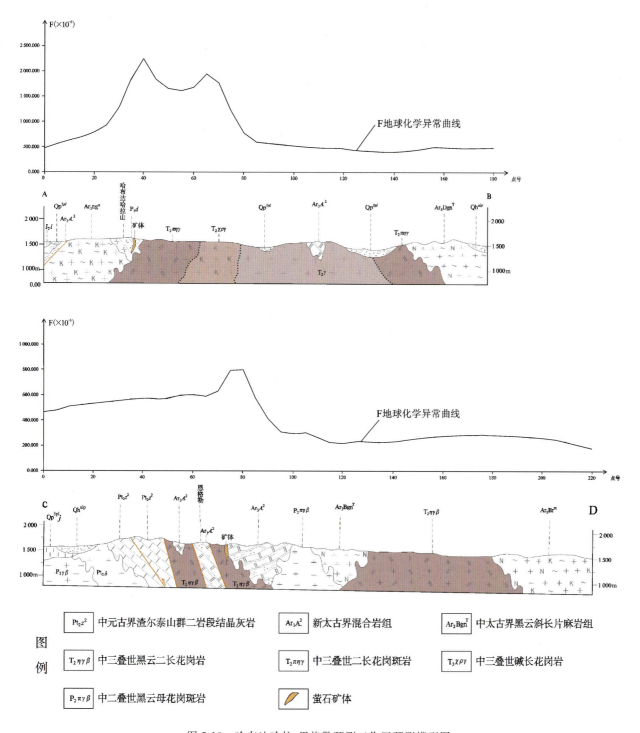

图 5-13 哈布达哈拉-恩格勒预测工作区预测模型图

平面图、航磁 ΔT 化极等值线平面图、航磁 ΔT 化极垂向一阶导数等值线平面图、布格重力异常图、剩余重力异常图及重力推断地质构造图编制了苏达勒矿区萤石矿典型矿床所在区域地质矿产及物探剖析图,基本能满足预测要求(图 5-14)。

以典型矿床成矿要素图为基础,综合研究重力、地球化学等综合找矿信息,总结典型矿床预测要素见表 5-17。

表 5-17 苏达勒矿区萤石矿典型矿床预测要素表

预测要素		描述内容			要素分类
储量		矿石量:267×10^3 t; CaF_2:126.8×10^3 t	平均品位	CaF_2:47.48%	
特征描述		热液充填型萤石矿			
地质环境	构造背景	内蒙海西褶皱带的南部,西拉沐伦河大断裂的北侧			重要
	成矿环境	燕山晚期岩浆热液沿断裂破碎带缝隙侵入			重要
	含矿岩体	矿体产于构造破碎带内,矿体形成的母岩为角闪黑云花岗闪长岩,围岩为林西组			必要
	成矿时代	燕山晚期			重要
矿床特征	矿体形态	矿体呈脉状			重要
	岩石类型	角闪黑云花岗闪长岩、辉长闪长岩			重要
	岩石结构	中粒花岗结构、半自形粒状结构			次要
	矿物组合	矿石矿物:萤石; 脉石矿物:以石英、方解石为主,次为玉髓、蛋白石、重晶石			重要
	结构构造	碎裂结构、他形粒状结构;块状、角砾状构造,少量条带状、梳状构造			次要
	蚀变特征	硅化、高岭土化、绿泥石化、碳酸盐化			重要
	控矿条件	燕山晚期角闪黑云花岗闪长岩(与区域上黑云母花岗岩同属燕山期构造岩浆活动产物)是矿体形成的母岩,为矿体形成提供热源			必要
		断裂破碎带为矿体形成的主要场所,构造为多期次活动,对成矿具有严格的控制作用			必要
	地球化学	苏达勒萤石矿所在区域 F 地球化学特征值表现为低异常,F 地球化学特征值在$(209\sim252)\times10^{-6}$之间			重要

典型矿床预测模型图的编制,是以矿床剖面为基础,叠加化探 F 异常剖面图形成(图 5-15)。

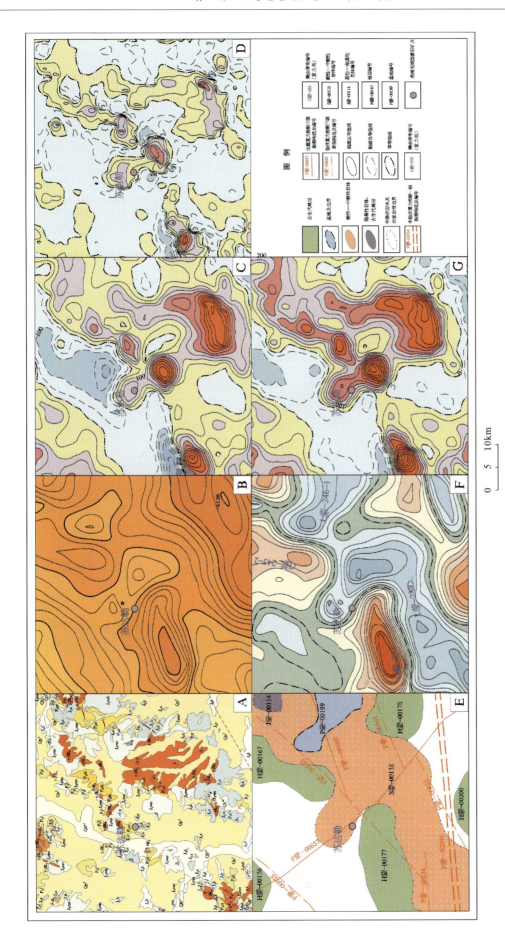

图 5-14 苏达勒矿区萤石矿典型矿床所在区域地质矿产及物探剖析图

A. 地质矿产图；B. 布格重力异常图；C. 航磁ΔT异常图；D. 航磁ΔT化极ΔT化极垂向一阶导数等值线平面图；
E. 重力推断地质构造图；F. 剩余重力异常图；G. 航磁ΔT化极等值线平面图

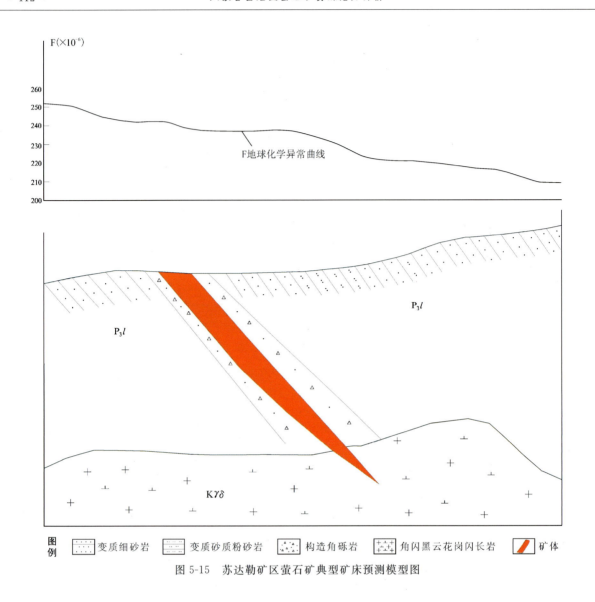

图 5-15 苏达勒矿区萤石矿典型矿床预测模型图

(二)模型区深部及外围资源潜力预测

1. 典型矿床已查明资源储量及其估算参数

查明资源量、品位及体重依据均来源于内蒙古自治区第二区域地质调查队1989年12月提交的《内蒙古自治区巴林右旗巴彦塔拉苏木苏达勒萤石矿详查地质报告》。矿床面积($S_总$)是根据1∶2 000矿区地形地质图,在MapGIS软件读取面积数值(图5-16);矿体延深($L_查$)依据原报告中控制矿体较深的钻孔获得,典型矿床体积含矿率=查明资源储量/面积($S_总$)×延深($L_查$)=126 800/(2 461×64)=0.805(t/m³),详见表5-18。

表 5-18 苏达勒矿区萤石矿典型矿床查明资源量储量表

编号	名称	查明资源储量(t)		面积(m²)	延深(m)	品位(%)	体积含矿率(t/m³)
		矿石量	CaF$_2$				
1	苏达勒萤石矿	267 000	126 800	2 461	64	47.48	0.805

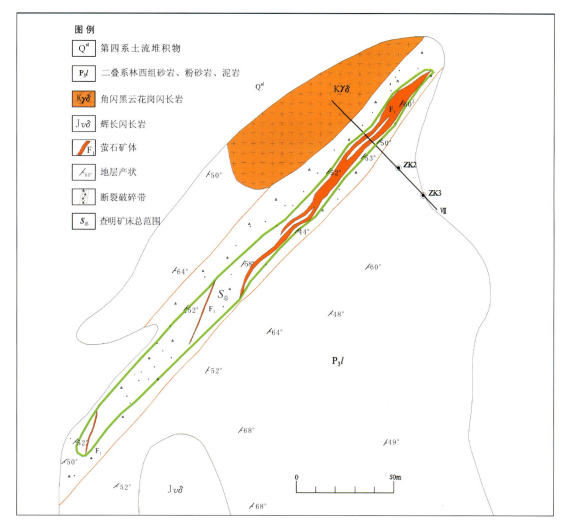

图 5-16　苏达勒萤石矿区地质略图

2. 典型矿床深部及外围预测资源量及其估算参数

1)典型矿床深部预测资源量的确定

整个矿体均由钻孔控制,由见矿较好的Ⅶ号勘探线剖面图可知,ZK3 控制矿体最大斜深为 83.06m,最深处仍可见自身就含 F 元素较高的角闪黑云母花岗闪长岩,并且矿体的形态为由上至下逐渐变宽,并没有尖灭的趋势,深部较好的成矿条件,具有进一步找矿潜力,因此,由钻孔控制矿体的最大垂深 64m 处向下推 15m 深作为 $L_{预}$,典型矿床深部预测资源量＝面积($S_{总}$)×延深($L_{预}$)×典型矿床体积含矿率＝$2\,461×15×0.805=29\,717(t)$。

2)典型矿床外围预测资源量的确定

经详查工作证实在典型矿床外围无其他形成萤石矿所具备的条件,因此典型矿床外围不予预测,典型矿床深部预测资源量结果见表 5-19。

表 5-19　苏达勒矿区萤石矿典型矿床深部预测资源量表

编号	名称	分类	面积(m^2)	延深(m)	体积含矿率(t/m^3)	预测资源量(t)
1	苏达勒萤石矿	深部	2 461	15	0.805	29 717

3)典型矿床总资源量

苏达勒典型矿床总资源量=查明资源量+预测资源量=126 800+29 717=156 517(t);典型矿床总面积:典型矿床总面积=查明部分矿床面积=2 461(m²)。总延深=查明部分矿床延深($L_{查}$)+深部推深($L_{预}$)=64+15=79(m),典型矿床含矿系数=典型矿总资源量/(典型矿床总面积×典型矿床总延深)=156 517/(2 461×79)=0.805(t/m³),详见表5-20。

表 5-20 苏达勒矿区萤石矿典型矿床总资源量表

编号	名称	查明资源量 CaF_2(t)	预测资源量 CaF_2(t)	总资源量 CaF_2(t)	总面积 (m²)	总延深 (m)	含矿系数 (t/m³)
1	苏达勒萤石矿	126 800	29 717	156 517	2 461	79	0.805

(三)预测工作区预测模型

根据预测工作区区域成矿要素和物探重力、化探资料,总结本预测区的区域预测要素见表5-21。

预测模型图的编制,是以地质剖面图为基础,叠加区域化探异常剖面图而形成,简要表示了预测要素内容及其相互关系,以及时空展布特征(图5-17)。

表 5-21 苏达勒-乌兰哈达预测工作区预测要素表

区域预测要素		描述内容	要素分类
特征描述		热液充填型萤石矿床	
地质环境	大地构造位置	天山-兴蒙造山系(Ⅰ),大兴安岭弧弧盆系(Ⅰ-1),锡林浩特岩浆弧(Ⅰ-1-6)	重要
	成矿区(带)	滨太平洋成矿域(Ⅰ-4),大兴安岭成矿省(Ⅱ-12),林西-孙吴 Pb-Zn-Cu-Mo-Au 成矿带(V1、I1、Ym)(Ⅲ-8),莲花山-大井子 Cu-Ag-Pb-Zn 成矿亚带(Ⅲ-8-③)	重要
	成矿环境	燕山晚期岩浆热液沿构造裂隙侵入,为成矿提供热源	重要
	含矿岩体	燕山期黑云母花岗岩与角闪黑云花岗闪长岩为成矿母岩	必要
	成矿时代	燕山晚期	重要
矿床特征	矿体形态	矿体呈脉状	重要
	岩石类型	中粗粒黑云母花岗岩、中粗粒角闪黑云花岗闪长岩	重要
	岩石结构	中粗粒花岗结构	次要
	矿物组合	矿石矿物:萤石; 脉石矿物:石英、方解石	重要
	结构构造	碎裂结构、他形粒状结构;块状、角砾状构造	次要
	蚀变特征	硅化、高岭土化、绿帘石化、绢云母化	重要
	控矿条件	燕山期黑云母花岗岩、角闪黑云花岗闪长岩为成矿提供热液	必要
		断裂构造为成矿提供成矿场所,构造具多期性,对成矿具严格的控制作用	必要
区内相同类型矿产		成矿区带内有3个小型萤石矿床	重要
地球化学		苏达勒萤石矿所在区域F地球化学特征值表现为低异常,F地球化学特征值在(209~252)×10⁻⁶之间	重要

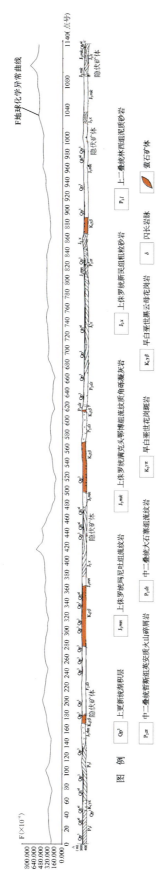

图 5-17 苏达勒-乌兰哈达预测工作区预测模型图

五、大西沟-桃海预测工作区

(一)典型矿床预测模型

由于大西沟矿区没有大比例尺物探资料，只能根据典型矿床成矿要素，确定典型矿床预测要素，编制典型矿床预测要素图。为表达典型矿床所在地区的区域物探特征，采用1：50万航磁 ΔT 等值线平面图、航磁 ΔT 化极等值线平面图、航磁 ΔT 化极垂向一阶导数等值线平面图、布格重力异常图、剩余重力异常图及重力推断地质构造图编制了大西沟矿区萤石矿典型矿床所在区域地质矿产及物探剖析图，基本能满足预测要求(图5-18)。

以典型矿床成矿要素图为基础，综合研究重力、地球化学等综合找矿信息，总结典型矿床预测要素见表5-22。

表5-22 大西沟矿区萤石矿典型矿床预测要素表

预测要素		描述内容			要素分类
储量		矿石量：$277.74×10^3$ t；CaF_2：$210.27×10^3$ t	平均品位	CaF_2：75.51%	
特征描述		热液充填型萤石矿			
地质环境	构造背景	属华北地台(Ⅰ级)北缘东段，内蒙地轴(Ⅱ级)赤峰-开源东西向构造带(Ⅲ)的西段，锦山-赤峰断裂(Ⅳ级)的西南端			重要
	成矿环境	北北东向断裂破碎带是热液的良好通道，矿床与石英脉密切相关			重要
	含矿岩体	燕山早期中细粒花岗岩体			必要
	成矿时代	侏罗纪—白垩纪(燕山期)			重要
矿床特征	矿体形态	脉状			重要
	岩石类型	下白垩统义县组凝灰岩、凝灰砂砾岩，侏罗纪中细粒花岗岩			重要
	岩石结构	凝灰结构、砂砾结构、中细粒花岗结构			次要
	矿物组合	矿石矿物：萤石； 金属矿物：赤铁矿、褐铁矿、黄铁矿； 脉石矿物：石英、长石、高岭土、绢云母、方解石等			重要
	结构构造	矿石结构：自形—半自形中粗粒结构、他形粒状结构； 矿石构造：致密块状、条带状、环带状、角砾状、嵌布状构造			次要
	蚀变特征	硅化、绢云母化、高岭土化、碳酸盐化			重要
	控矿条件	断裂构造			必要
		侏罗纪(燕山早期)中细粒花岗岩体			必要
地球化学		萤石矿所在区域F地球化学异常值高于 $1\,003×10^{-6}$			重要

典型矿床预测模型图的编制，是以矿床剖面为基础，叠加化探异常剖面图形成(图5-19)。

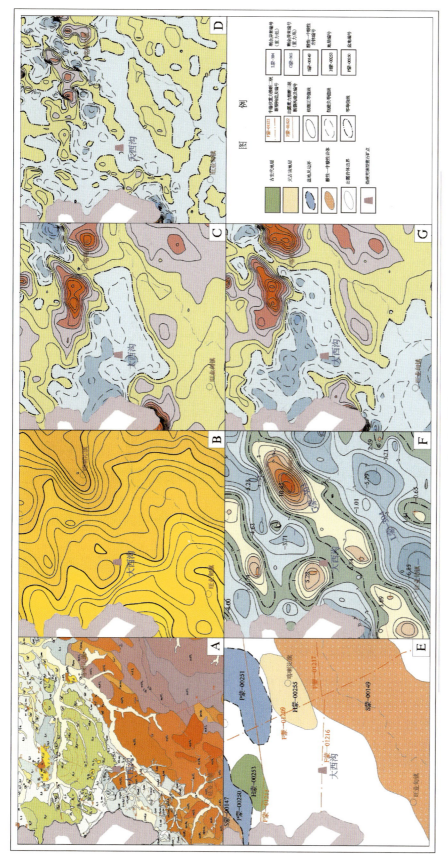

图5-18 大西沟矿区萤石矿典型矿床所在区域地质矿产及物探剖析图

A.地质矿产图；B.布格重力异常图；C.航磁ΔT等值线平面图；D.航磁ΔT化极垂向一阶导数等值线平面图；E.重力推断地质构造图；F.剩余重力异常图；G.航磁ΔT化极等值线平面图

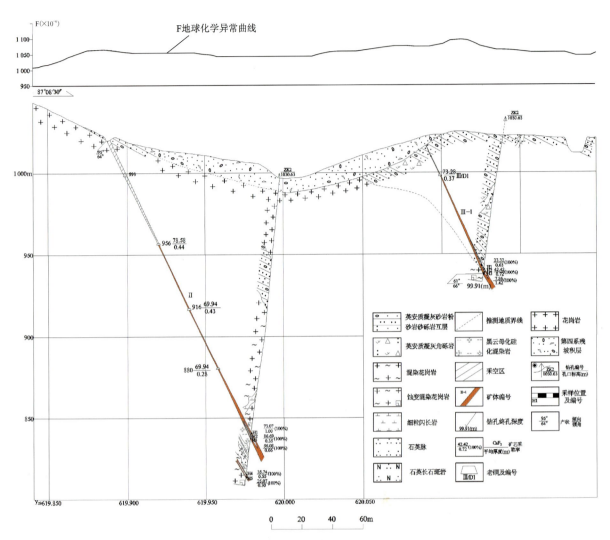

图 5-19 大西沟矿区萤石矿典型矿床预测模型图

(二)模型区深部及外围资源潜力预测

1. 典型矿床已查明资源储量及其估算参数

查明资源量、体重及 CaF_2 品位依据均来源于内蒙古自治区第三地质大队 1989 年提交的《内蒙古自治区喀喇沁旗大西沟乡大西沟萤石矿区Ⅱ、Ⅲ号矿体北段和Ⅴ号矿体详细普查地质报告》。

矿床面积($S_{总}$)是根据 1∶5 000 矿区综合地质图(图 5-20),在 MapGIS 软件下读取数据;矿体延深($L_{查}$)依据控制矿体最深的 31 号勘探线剖面图确定(图 5-21),典型矿床体积含矿率=查明资源储量/面积($S_{总}$)×延深($L_{查}$)/sin60°=210 270/(904 850×240/sin60°)=0.000 84(t/m³),具体数据见表 5-23。

表 5-23 大西沟矿区萤石矿典型矿床查明资源量储量表

编号	名称	查明资源储量(t)		面积(m²)	延深(m)	倾角(°)	品位(%)	体重(t/m³)	体积含矿率(t/m³)
		矿石量	CaF_2						
1	大西沟萤石矿	277 740	210 270	904 850	240	60	75.71	3.07	0.000 84

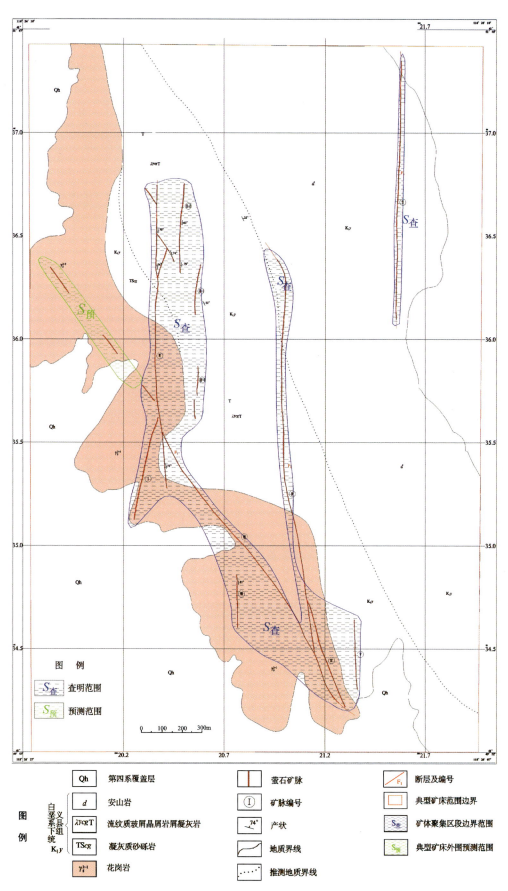

图 5-20 喇嘛泌旗大西沟矿区萤石矿地质略图

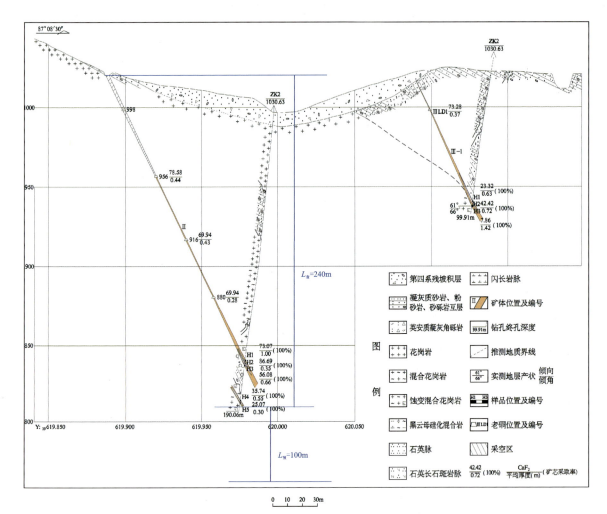

图 5-21 大西沟萤石矿Ⅱ号、Ⅲ-1 号矿体 31 勘探线剖面图

2. 典型矿床深部及外围预测资源量及其估算参数

1) 典型矿床深部预测资源量的确定

根据研究该萤石矿床的控矿构造、侵入岩体接触带等特征,最大控制深度 240m,在矿体以下构造及接触带仍存在,依据岩体剥蚀程度、矿化围岩蚀变、地球化学元素分带等特征确定预测深度 60m($L_{预}$),面积采用查明资源储量的矿床面积($S_{总}$)。典型矿床深部预测资源量=面积($S_{总}$)×延深($L_{预}$)/sin60°×典型矿床体积含矿率=904 850×60/sin60°×0.000 84=52 661(t)。

2) 典型矿床外围预测资源量的确定

在矿床外围发现同方向的构造破碎带,圈定为外围预测区,面积为 $S_{预}$。预测深度采用已查明深度与预测深度之和($L=L_{查}+L_{预}$)。典型矿床外围预测资源量=面积($S_{预}$)×埋度(L)/sin60°×典型矿床体积含矿率=64 500×300/sin60°×0.000 84=18 769(t),详见表 5-24。

表 5-24 大西沟矿区萤石矿典型矿床深部及外围预测资源量表

编号	名称	分类	面积 (m²)	延深 (m)	体积含矿率 (t/m³)	预测资源量 CaF₂(t)
1	大西沟萤石矿	深部	904 850	60	0.000 84	52 661
		外围	64 500	300	0.000 84	18 769

3) 典型矿床总资源量

大西沟典型矿床总资源量＝查明资源储量＋深部预测资源量＋外围预测资源量＝210 270＋52 661＋18 769＝281 700(t)；典型矿床延深＝查明部分矿床延深($L_{查}$)＋深部推深($L_{预}$)＝300(m)，典型矿床含矿系数＝典型矿总资源量/(典型矿床总面积×典型矿床总延深/sin60°)＝281 700÷(969 350×300/sin60°)＝0.000 84(t/m³)，详见表5-25。

表5-25　大西沟矿区萤石矿典型矿床总资源量表

编号	名称	查明资源量 CaF_2(t)	预测资源量 CaF_2(t)	总资源量 CaF_2(t)	总面积 (m²)	延深 (m)	倾角(°)	含矿系数 (t/m³)
1	大西沟萤石矿	210 270	71 430	281 700	969 350	300	60	0.000 84

(三)预测工作区预测模型

根据预测工作区区域成矿要素和物探重力、化探资料，总结本预测区的区域预测要素见表5-26。

预测模型图的编制是以地质剖面图为基础，叠加区域化探异常剖面图而形成，简要表示了预测要素内容及其相互关系以及时空展布特征(图5-22)。

表5-26　大西沟-桃海预测工作区预测要素表

区域预测要素特征描述		描述内容 热液充填型萤石矿床	要素分类
地质环境	大地构造位置	华北陆块区(Ⅱ)，大青山-冀北古弧盆系(Pt_1)(Ⅱ-3)，恒山-承德-建平古岩浆弧(Pt_1)(Ⅱ-3-1)	重要
	成矿区(带)	滨太平洋成矿域(Ⅰ-4)，华北成矿省(Ⅱ-14)，华北地台北缘东段Fe-Cu-Mo-Pb-Zn-Au-Ag-Mn-P-煤-膨润土成矿带(Ⅲ-57)(Ⅲ-10)，内蒙古隆起东段Fe-Cu-Mo-Pb-Zn-Au-Ag-Mn-P-煤-膨润土成矿带(Ⅲ-10-①)	重要
	成矿环境	断裂构造发育，SiO_2溶液贯入，形成石英脉，其后断裂构造进一步活动，给晚期含CaF_2溶液贯入提供了空间部位，进而形成萤石矿脉	重要
	含矿岩体	燕山早期花岗岩体及侵入断裂裂隙形成的岩脉等	必要
	成矿时代	侏罗纪	重要
矿床特征	矿体形态	脉状、串珠状	重要
	岩石类型	凝灰岩、凝灰砂砾岩，燕山期中细粒黑云二长花岗岩	重要
	岩石结构	凝灰结构、花岗结构	次要
	矿物组合	矿石矿物：萤石； 金属矿物：赤铁矿、褐铁矿、黄铁矿； 脉石矿物：石英、长石、高岭土、绢云母、方解石等	重要
	结构构造	结构：自形—半自形中粗粒结构、他形粒状结构； 构造：致密块状、条带状、环带状、角砾状、嵌布状构造	次要
	蚀变特征	硅化、绢云母化、高岭土化、碳酸盐化	重要
	控矿条件	矿体产于燕山期黑云二长花岗岩体中	必要
		萤石矿脉的形态受断裂构造破碎带控制，产状与破碎带一致，呈陡倾斜产出	必要
区内相同类型矿产		成矿区带内有1个中型矿床、2个矿点	重要
地球化学		F、CaO高背景区主要分布在预测区北西部和南东部，具有明显的浓度分带；F局部异常主要分布在预测区北西部	重要

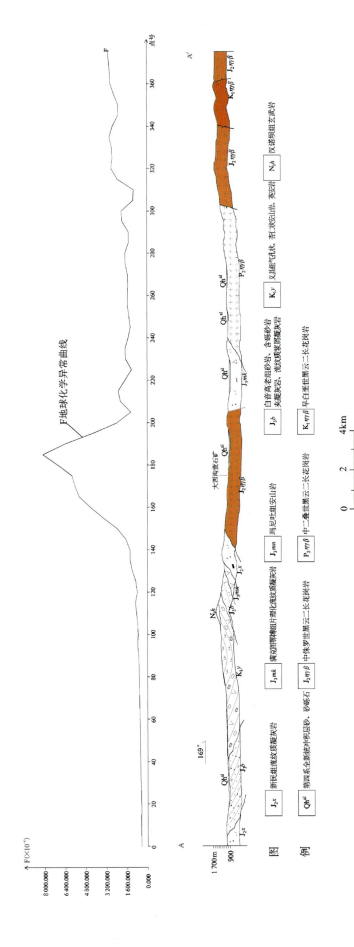

图 5-22 大西沟-桃海预测工作区预测模型图

六、昆库力-旺石山预测工作区

(一)典型矿床预测模型

由于昆库力矿区没有大比例尺物探资料,只能根据典型矿床成矿要素,确定典型矿床预测要素,编制典型矿床预测要素图。为表达典型矿床所在地区的区域物探特征,采用1:50万航磁ΔT等值线平面图、航磁ΔT化极等值线平面图、航磁ΔT化极垂向一阶导数等值线平面图、布格重力异常图、剩余重力异常图及重力推断地质构造图编制了昆库力矿区萤石矿典型矿床所在区域地质矿产及物探剖析图,基本能满足预测要求(图5-23)。

以典型矿床成矿要素图为基础,综合研究重力、地球化学等综合致矿信息,总结典型矿床预测要素见表5-27。

表5-27 昆库力矿区萤石矿典型矿床预测要素表

预测要素		描述内容			要素分类
储量		矿石量:54.4×10³t; CaF₂:40.3×10³t	平均品位	CaF₂:74.08%	
特征描述		热液充填型脉状萤石矿床			
地质环境	构造背景	内蒙古-大兴安岭海西中期褶皱系,大兴安岭海西中期褶皱带、三河镇复向斜内,德尔布尔-黑山头中断陷和东南沟中坳陷交会部位			重要
	成矿环境	成矿区域有较厚的陆壳,张性构造发育。矿床与钙碱质及次碱质酸性及中酸性岩浆活动			重要
	含矿岩体	石炭纪中粒黑云母花岗岩体			必要
	成矿时代	石炭纪			重要
矿床特征	矿体形态	萤石矿体均呈单脉产出,可见尖灭再现、分支复合现象			重要
	岩石类型	中粒黑云母花岗岩体			重要
	岩石结构	花岗结构			次要
	矿物组合	矿石矿物:萤石、石英为主,偶见绢云母、萤石,粒度为2~10mm,石英呈他形—半自形叶片状、细脉状沿萤石裂隙或晶体间隙充填分布			重要
	结构构造	他形—半自形粒状结构、结晶结构;块状构造、条带状构造、角砾状构造			次要
	蚀变特征	硅化			重要
	控矿条件	矿体产于石炭纪中粒黑云母花岗岩体中			必要
		萤石矿脉的形态受断裂构造破碎带控制,产状与破碎带一致,呈陡倾斜产出			必要
地球化学		萤石矿床所在区域地球化学异常值高于686×10⁻⁶			重要

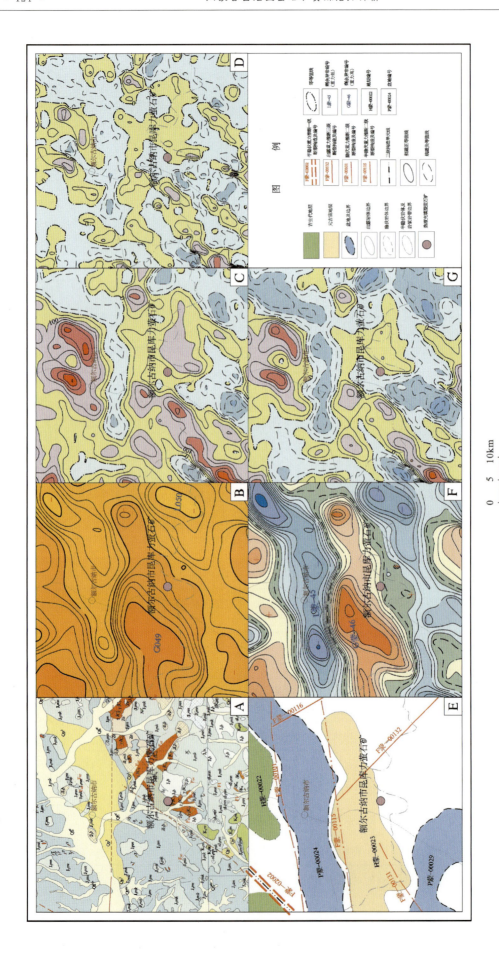

图 5-23 昆库力矿区萤石矿典型矿床所在区域地质矿产及物探剖析图
A.地质矿产图；B.布格重力异常图；C.航磁 ΔT 等值线平面图；D.航磁 ΔT 化极垂向一阶导数等值线平面图；
E.重力推断地质构造图；F.剩余重力异常图；G.航磁 ΔT 化极等值线平面图

典型矿床预测模型图的编制,是以矿床剖面为基础,叠加化探异常剖面图形成(图5-24)。

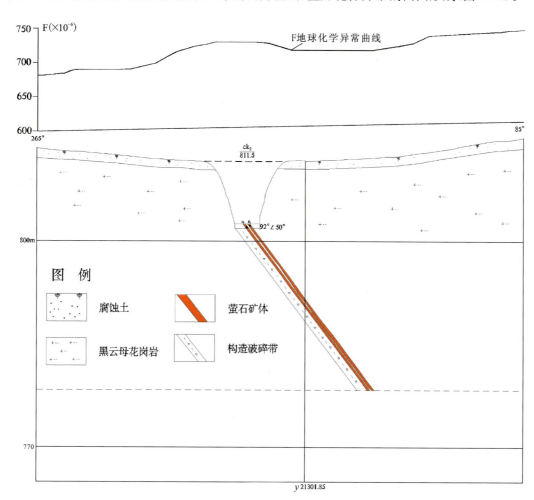

图5-24 昆库力矿区萤石矿典型矿床预测模型图

(二)模型区深部及外围资源潜力预测

1. 典型矿床已查明资源储量及其估算参数

查明资源量、体重及CaF_2品位依据均来源于内蒙古自治区矿业开发有限公司1999年提交的《内蒙古自治区额尔古纳市昆库力萤石矿详查地质报告》。

矿床面积($S_{总}$)是根据1∶2 000矿区综合地质图(图5-25),在MapGIS软件下读取数据;矿体延深($L_{查}$)依据控制矿体最深的8号勘探线剖面图确定(图5-26),典型矿床体积含矿率=查明资源储量/面积($S_{总}$)×延深($L_{查}$)=40 300/(12 908×30)=0.104(t/m^3),具体数据见表5-28。

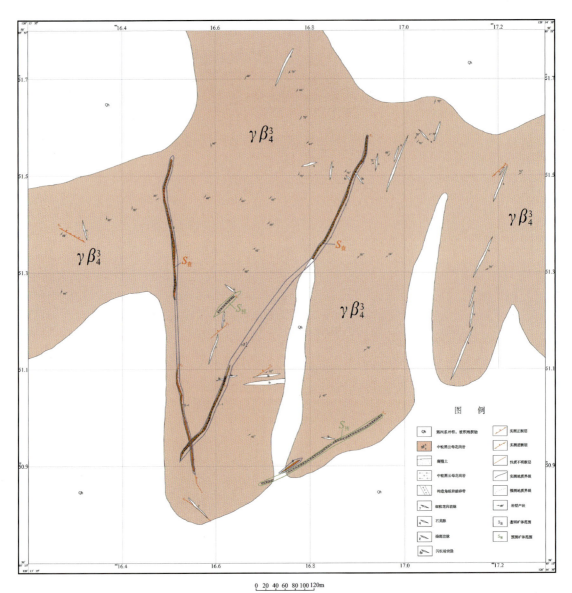

图 5-25　昆库力矿区萤石矿综合地质图

表 5-28　昆库力矿区萤石矿典型矿床查明资源量储量表

编号	名称	查明资源储量(t)		面积 (m²)	延深 (m)	品位 (%)	体积含矿率 (t/m³)
		矿石量	CaF$_2$				
1	昆库力萤石矿	54 400	40 300	12 908	30	74.08	0.104

2. 典型矿床深部及外围预测资源量及其估算参数

1) 典型矿床深部预测资源量的确定

根据研究该萤石矿床的控矿构造、侵入岩体接触带等特征,最大控制延深 30m,在矿体以下构造及接触带仍存在,依据岩体剥蚀程度、矿化围岩蚀变、地球化学元素分带等特征确定预测延深 15m($L_{预}$),面积采用查明资源储量的矿床面积($S_{总}$)。典型矿床深部预测资源量＝面积($S_{总}$)×延深($L_{预}$)×典型矿床体积含矿率＝12 908×15×0.104＝20 136(t)。

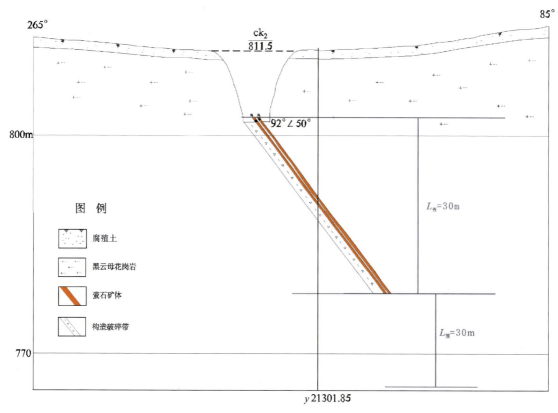

图 5-26　昆库力萤石矿 Ⅱ 号矿体 8 号勘探线剖面图

2）典型矿床外围预测资源量的确定

在矿床外围发现同方向的构造破碎带，圈定为外围预测区，面积为 $S_{预}$。预测延深采用已查明延深与预测延深之和（$L=L_{查}+L_{预}$）。典型矿床外围预测资源量＝面积（$S_{预}$）×延深（L）×典型矿床体积含矿率＝3 048×45×0.104＝14 265(t)。详见表 5-29。

表 5-29　昆库力矿区萤石矿典型矿床深部及外围预测资源量表

编号	名称	分类	面积（m^2）	延深（m）	体积含矿率（t/m^3）	预测资源量 CaF_2(t)
1	昆库力萤石矿	深部	12 908	15	0.104	20 136
		外围	3 048	45	0.104	14 265

3）典型矿床总资源量

昆库力典型矿床总资源量＝查明资源储量＋深部预测资源量＋外围预测资源量＝40 300＋20 136＋14 265＝74 701(t)；典型矿床总延深＝查明部分矿床延深（$L_{查}$）＋深部推深（$L_{预}$）＝45(m)，典型矿床含矿系数＝典型矿总资源量/（典型矿床总面积×典型矿床总延深）＝74 701÷(15 956×45)＝0.104(t/m^3)，详见表 5-30。

表 5-30　昆库力矿区萤石矿典型矿床总资源量表

编号	名称	查明资源量 CaF_2(t)	预测资源量 CaF_2(t)	总资源量 CaF_2(t)	总面积（m^2）	总延深（m）	含矿系数（t/m^3）
1	昆库力萤石矿	40 300	34 401	74 701	15 956	45	0.104

(三)预测工作区预测模型

根据预测工作区区域成矿要素和物探重力、化探资料,总结本预测区的区域预测要素见表5-31。

预测模型图的编制是以地质剖面图为基础,叠加区域地球化学异常剖面图而形成,简要表示了预测要素内容及其相互关系以及时空展布特征(图5-27)。

表5-31 昆库力-旺石山预测工作区预测要素表

区域预测要素		描述内容	要素分类
特征描述		热液充填型萤石矿床	
地质环境	大地构造位置	天山-兴蒙造山系(Ⅰ),大兴安岭弧盆系(Ⅰ-1),海拉尔-呼玛弧后盆地(Pz)(Ⅰ-1-3)	重要
	成矿区(带)	滨太平洋成矿域(Ⅰ-4),大兴安岭成矿省(Ⅱ-12),新巴尔虎右旗(拉张区)Cu-Mo-Pb-Zn-Au-萤石-煤(铀)成矿带(Ⅲ-5),陈巴尔虎旗-根河Au-Fe-Zn-萤石成矿亚带(Cl、Ym-1、Ym)(Ⅲ-5-②)	重要
	成矿环境	张性构造发育,钙碱质及次碱质酸性及中酸性岩浆活动	重要
	含矿岩体	石炭纪中粒黑云母花岗岩体	必要
	成矿时代	石炭纪	重要
矿床特征	矿体形态	萤石矿体均呈单脉产出,可见尖灭再现、分支复合现象	重要
	岩石类型	中粒黑云母花岗岩体	重要
	岩石结构	花岗结构	次要
	矿物组合	矿石矿物:萤石、石英为主,偶见绢云母、萤石,粒度为2~10mm,石英呈他形—半自形叶片状	重要
	结构构造	结构:他形—半自形粒状结构、结晶结构; 构造:块状构造、条带状构造、角砾状构造	次要
	蚀变特征	硅化	重要
	控矿条件	矿体产于石炭纪中粒黑云母花岗岩体中	必要
		萤石矿脉的形态受断裂构造破碎带控制,产状与破碎带一致,呈陡倾斜产出	必要
区内相同类型矿产		成矿区带内有5个小型矿床	重要
地球化学		预测区F元素主要以背景、高背景分布,高背景区和局部异常主要分布在预测区北部,具有明显的浓度分带,浓集中心明显,异常强度高,浓集中心范围较大	重要

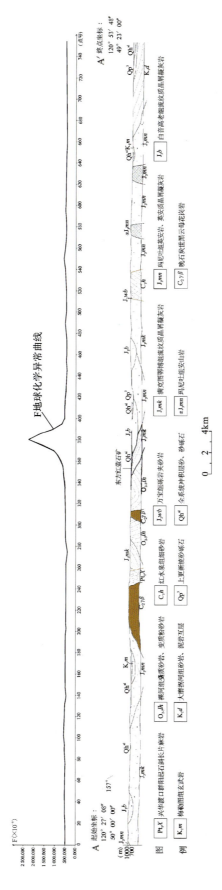

图 5-27 昆库力-旺石山预测工作区预测模型图

第三节 预测区圈定

一、预测区圈定方法及原则

(一)预测区圈定方法

本次萤石矿预测采用两种预测方法类型,即层控内生型和侵入岩体型,层控内生型主要受地层控制,而侵入岩体型受花岗岩类制约,且还和构造关系比较密切,根据这一特点,预测区圈定采用综合信息地质单元方法和脉体含矿率类比法相结合的方式进行圈定。

(二)预测区圈定原则

(1)圈定预测边界时,应全面考虑各种预测要素和综合信息的应用。
(2)预测区的基本边界是含萤石岩系以及岩体与构造的缝合带的分布边界。
(3)有含萤石岩系地层存在的区域均应圈定并尽量保证走向上的完整。
(4)考虑构造形态,被成矿期后地质构造限定的或按地理分区归并萤石矿区,考虑计算的方便并进行必要的分拆。
(5)有同一含萤石岩系的已知矿床分布,未知预测区有相同含萤石岩系分布。
(6)结合重力、地球化学、岩层厚度、构造走向深度等情况确定分区范围。
(7)预测区规模主要应考虑含萤石岩段以及构造和岩体分布的连续性,一般应控制在同一含萤石岩段连续分布的范围内,大致相当化工矿山一个矿区的范围,面积在 $100km^2$ 以内。
(8)有第四系覆盖的区域,按含萤石岩系、岩体的分布规律,进行适当的剥离。

二、预测区圈定

以苏莫查干敖包-敖包吐预测工作区为例,其他预测工作区与此基本相同。
(1)采用 MRAS 矿产资源 GIS 评价系统中预测模型工程,添加地质体、化探 F 异常、剩余重力、构造、矿点要素等专题图层,并对线要素进行缓冲区分析。
(2)采用地质单元法设置预测单元,地质单元范围为预测工作区范围。
(3)用 MARS 软件生成网格单元。
(4)地质体、矿点、构造要素进行单元赋值时采用区的存在标志,对 F 异常进行区属性提取。
(5)对预测单元进行原始变量构置。
(6)化探异常值采用起始值的加权平均值。
(7)根据矿化规模设置矿化等级,分 3 个等级。
(8)模型单元选择进行图上人工选择。
(9)在变量二值化时利用异常范围值人工输入变化区间,对化探异常进行二值化处理,F 异常 >

$573×10^{-6}$,采用特征分析法进行空间评价,并根据形成的定位数据转换专题构造预测模型。

(10)靶区优选,使用回归方程计算成矿概率,形成成矿概率图,并对远景区进行分级,用颜色标注级别。

(11)根据成矿概率生成图例文件。

根据种子单元赋颜色,选择苏莫查干萤石矿床所在单元为种子单元,预测结果见图5-28。

第四节 最小预测区优选

一、预测要素应用及变量确定

由于模型区的选择对以后的预测结果有很大的影响,因此模型区的选择这一步显然非常重要。模型区选择的主要依据包括以下两个方面:一是工作程度要高,根据矿床的勘探或详查资料详细程度,尽量选择研究程度高的单元,使大多数单元具有一定的可靠性;二是要有代表性。模型区应尽可能包含所有的预测要素,并拥有已探明的储量报告。

本次工作选取了17个模型区。含矿岩系、含矿岩体、构造特征、成矿时代和矿点因素对相应类型萤石矿的成矿作用最大,其他要素次之。

叠加含矿岩系、含矿岩体图层和矿点图层,发现所有萤石矿床(点)分布的最小预测区全部被保留,绝大部分有含矿岩系、岩体存在的最小预测区被保留。

对保留下来的最小预测区,再根据预测要素进行分类:

A类:有含矿岩系、岩体、构造、F异常较好和矿床(点)的圈为A类最小预测区。

B类:有含矿岩系、岩体、构造、F异常一般和萤石矿化点的圈为B类最小预测区。

C类:只有含矿岩系、岩体、构造的圈为C类最小预测区。

二、最小预测区评述

通过预测区优选,最终保留最小预测区282个,其中A类预测区45个,B类预测区84个,C类预测区153个。

A类预测区:为主要预测要素同时具备,成矿概率最高的预测区。即存在有利地层,区内有含矿岩系、岩体、构造和一定规模的矿床(小型规模及以上)分布。

B类预测区:为成矿概率中等的预测区。除存在有利含矿岩系、含矿岩体、构造要素外,还应有萤石矿化点(小型规模以下)。

C类预测区:为成矿概率最低的预测区。应存在有利含矿岩系、含矿岩体、构造。

第五节 预测成果

在17个预测工作区内,采用地质体积法与脉体含矿率类比法相结合的形式进行资源量预测。

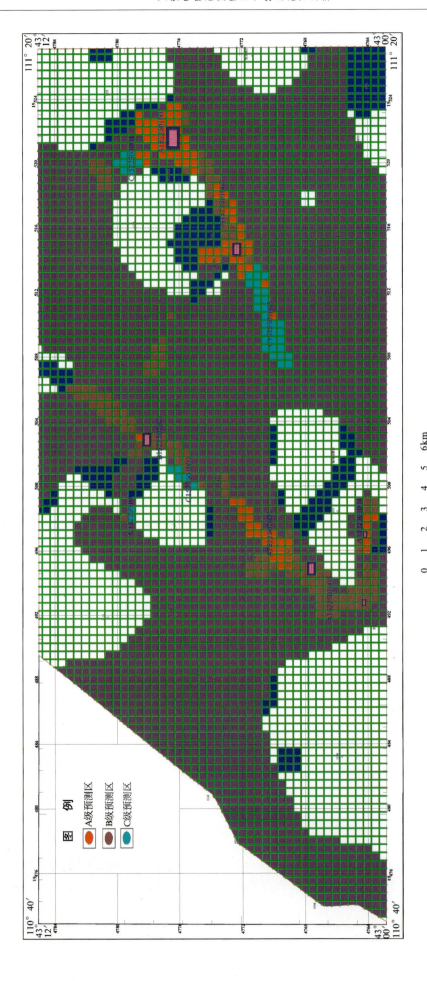

图 5-28 内蒙古自治区沉积改造型萤石矿苏吉查干敖包-敖包吐预测工作区预测单元图

一、模型区含矿系数确定

模型区含矿系数采用以下方法确定：
模型区含矿系数＝模型区资源总量÷(模型区总体积×含矿地质体面积参数)。
模型区总体积＝模型区面积×模型区延深。
根据不同预测方法类型、不同预测工作区分别确定。模型区延深一般与典型矿床一致。

二、最小预测区预测资源量

(一)估算参数的确定

1. 面积参数

采用最小预测区水平投影面积。首先利用特征分析法，采用地质单元，在 MRAS2.0 下进行最小预测区的圈定与优选。然后利用 MapGIS 软件，根据优选结果直接在预测底图上量取最小预测区面积。

2. 延深参数的确定

延深是指含矿地质体在倾向上的长度，有些产状不明确者，相当于垂直深度。延深的确定是在研究最小预测区含矿地质体地质特征、岩体的形成深度、矿化蚀变、矿化类型的基础上，并对比典型矿床特征的基础上综合确定的，部分由成矿带模型类比或专家估计给出。

3. 品位和体重的确定

最小预测区品位、体重均采用预测工作区内典型矿床或模型矿床勘查报告中的数据。

4. 相似系数的确定

各预测工作区最小预测区相似系数的确定，主要依据最小预测区内含矿岩系、含矿岩体、地质构造发育程度不同及矿(化)点的多少等因素综合确定。

(二)最小预测区预测资源量

估算方法采用地质体积法与脉体含率类比法相结合的形式，根据预测资源量估算公式：

$$Z_{预} = S_{预} \times H_{预} \times Ks \times K \times \alpha$$

式中：$Z_{预}$——预测区预测资源量；
　　　$S_{预}$——预测区面积；
　　　$H_{预}$——预测区延深(指预测区含矿地质体延深)；
　　　Ks——含矿地质体面积参数；
　　　K——模型区矿床的含矿系数；
　　　α——相似系数。

求得各最小预测区预测资源量，详见表5-32～表5-48(表中 $Z_{查}$ 一列数据为最小预测区内已查明资源量）。

白云鄂博伴生型萤石矿因未有上表资源量和勘探报告估算资源量，本次工作预测资源量结果采用1982年10月内蒙古自治区地质研究队提交的《内蒙古自治区萤石成矿规律及找矿方向研究报告》中所估算的资源量成果(表5-49)。

表5-32 沉积改造型萤石矿苏莫查干敖包-敖包吐预测工作区预测成果表

最小预测区编号	最小预测区名称	$S_{预}$ (m²)	$H_{预}$ (m)	Ks	K (t/m³)	α	$Z_{查}$(×10³t) 矿石量	$Z_{查}$(×10³t) CaF₂	$Z_{预}$ CaF₂ (×10³t)	资源量级别
A1522501001	苏莫查干敖包	6 983 866	13.75	1	0.339 79	1	20 330	12 962.41	19 667	334-1
A1522501002	北敖包吐	5 421 023	15	0.4	0.339 79	0.75	1154	778.95	7 510.09	334-1
A1522501003	额尔登朝克图嘎查	2 996 471	15	0.3	0.339 79	0.80			3 665.42	334-2
A1522501004	1153高地南	3 009 657	20	0.4	0.339 79	0.70			5 726.85	334-2
B1522501001	满提	1 024 020	15	0.2	0.339 79	0.65	855.94	335.1	343.41	334-1
B1522501002	西里庙	8 639 165	20	0.65	0.339 79	0.65	1 010.8	533.4	10 915.06	334-1
C1522501001	哈尔德勒东北	402 746	15	0.3	0.339 79	0.60			369.49	334-3
C1522501002	1208高地北	1 217 989	15	0.4	0.339 79	0.60			1 489.90	334-3
C1522501003	1133高地南	3 675 826	15	0.4	0.339 79	0.55			4 121.73	334-3
C1522501004	敖仑敖包北	924 818	20	0.2	0.339 79	0.55			691.34	334-3
						预测总计	23 350.74	14 609.86	54 500.29	

表5-33 热液充填型萤石矿神螺山预测工作区预测成果表

最小预测区编号	最小预测区名称	$S_{预}$ (m²)	$H_{预}$ (m)	Ks	K (t/m³)	α	$Z_{查}$(×10³t) 矿石量	$Z_{查}$(×10³t) CaF₂	$Z_{预}$ CaF₂ (×10³t)	资源量级别
A1522201001	神螺山	751 759	65	0.6	0.004 55	1	106.06	89.20	44.20	334-1
B1522201001	B1	6 910 182	65	0.2	0.004 55	0.2			81.75	334-3
C1522201001	C1	5 666 861	65	0.3	0.004 55	0.1			50.28	334-3
C1522201002	C2	4 643 152	61	0.2	0.004 55	0.1			25.77	334-3
C1522201003	C3	1 219 630	61	0.3	0.004 55	0.1			10.16	334-3
						预测总计		106.06	89.20	212.16	

表5-34 热液充填型萤石矿东七一山预测工作区预测成果表

最小预测区编号	最小预测区名称	$S_{预}$ (m²)	$H_{预}$ (m)	Ks	K (t/m³)	α	$Z_{查}$(×10³t) 矿石量	$Z_{查}$(×10³t) CaF₂	$Z_{预}$ CaF₂ (×10³t)	资源量级别
A1522202001	东七一山	23 228 766	110	1	0.000 3	1	680.13	555.39	211.16	334-1
B1522202001	1460高地	3 960 114	110	0.5	0.000 3	0.80			52.27	334-3
B1522202002	1488高地	12 883 701	110	0.5	0.000 3	0.80			170.06	334-3
B1522202003	1444高地	11 636 761	110	0.5	0.000 3	0.80			153.61	334-3

续表 5-34

最小预测区编号	最小预测区名称	$S_{预}$ (m²)	$H_{预}$ (m)	Ks	K (t/m³)	α	$Z_{查}$(×10³t) 矿石量	$Z_{查}$(×10³t) CaF₂	$Z_{预}$ CaF₂ (×10³t)	资源量级别
B1522202004	1359 高地	6 361 318	110	0.5	0.000 3	0.80			83.97	334-3
C1522202001	1354 高地	3 246 953	110	0.2	0.000 3	0.60			12.86	334-3
C1522202002	1375 高地	1 980 163	110	0.2	0.000 3	0.60			7.84	334-3
C1522202003	1253 高地	6 992 398	110	0.2	0.000 3	0.60			27.69	334-3
C1522202004	1108 高地	3 765 041	110	0.2	0.000 3	0.60			14.91	334-3
C1522202005	1111 高地	4 032 638	110	0.2	0.000 3	0.60			15.97	334-3
C1522202006	1113 高地东北	6 888 339	110	0.2	0.000 3	0.60			27.28	334-3
C1522202007	东七一山南	41 950 259	110	0.2	0.000 3	0.60			166.13	334-3
C1522202008	1275 高地南	15 632 800	110	0.2	0.000 3	0.60			61.91	334-3
预测工作区合计							680.13	555.39	1 005.66	

表 5-35 热液充填型萤石矿哈布达哈拉-恩格勒预测工作区预测成果表

最小预测区编号	最小预测区名称	$S_{预}$ (m²)	$H_{预}$ (m)	Ks	K (t/m³)	α	$Z_{查}$(×10³t) 矿石量	$Z_{查}$(×10³t) CaF₂	$Z_{预}$ CaF₂ (×10³t)	资源量级别
A1522203001	哈布达哈拉	1 982 865	155	0.80	0.001 31	0.85	441.93	226.4	47.38	334-1
A1522203002	恩格勒	1 223 231	147	1	0.001 31	1	281.9	175.4	60.16	334-1
B1522203001	1536 高地	6 547 595	125	0.25	0.001 31	0.75			201.03	334-2
B1522203002	1656 高地西	4 590 596	120	0.25	0.001 31	0.70			126.29	334-2
B1522203003	苏亥图南	8 890 150	120	0.20	0.001 31	0.70			195.65	334-2
B1522203004	1713 高地北	1 799 640	120	0.20	0.001 31	0.65			36.78	334-2
B1522203005	阿拉苏计南	3 778 048	120	0.25	0.001 31	0.70			103.93	334-2
C1522203001	哈布达哈拉山西北	4 199 470	115	0.25	0.001 31	0.65			102.81	334-3
C1522203002	呼和哈达南	3 603 548	110	0.20	0.001 31	0.65			67.51	334-3
C1522203003	查干塔塔拉	4 448 468	115	0.25	0.001 31	0.65			108.90	334-3
C1522203004	1491 高地西	3 040 931	120	0.20	0.001 31	0.65			77.68	334-3
C1522203005	特尔木图	11 177 718	110	0.25	0.001 31	0.70			281.87	334-3
C1522203006	哈尔楚鲁	4 035 162	120	0.20	0.001 31	0.70			88.81	334-3
C1522203007	1536 高地东	6 102 152	120	0.20	0.001 31	0.70			134.30	334-3
C1522203008	查干陶勒盖东	5 796 393	130	0.20	0.001 31	0.65			128.33	334-3
预测总计							723.83	401.8	1 761.43	

表 5-36 热液充填型萤石矿库伦敖包-刘满壕预测工作区预测成果表

最小预测区编号	最小预测区名称	$S_{预}$ (m^2)	$H_{预}$ (m)	Ks	K (t/m^3)	α	$Z_{查}$ ($\times 10^3$ t) 矿石量	$Z_{查}$ ($\times 10^3$ t) CaF$_2$	$Z_{预}$ CaF$_2$ ($\times 10^3$ t)	资源量级别
A1522204001	巴音哈太	1 482 959	80	1	0.001 6	1	341.13	109.95	79.87	334-1
A1522204002	刘满壕	1 432 722	100	0.6	0.001 6	0.80	115.31	81.20	28.83	334-1
A1522204003	库伦敖包	1 614 228	130	0.4	0.001 6	0.80	62.63	37.98	69.46	334-1
B1522204001	要代	541 302	130	0.2	0.001 6	0.70			15.76	334-3
B1522204002	乌卜尔宫	790 232	130	0.2	0.001 6	0.70			23.01	334-3
C1522204001	乌兰苏木东	1 128 499	80	0.1	0.001 6	0.60			8.67	334-3
C1522204002	乌兰苏木	1 378 529	80	0.1	0.001 6	0.60			10.59	334-3
C1522204003	1612 高地西南	2 803 198	80	0.1	0.001 6	0.60			21.53	334-3
C1522204004	哈尔温多尔南	1 523 761	80	0.1	0.001 6	0.60			11.70	334-3
C1522204005	1700 高地东	2 175 502	80	0.1	0.001 6	0.60			16.71	334-3
C1522204006	1636 高地东北	2 088 680	80	0.1	0.001 6	0.60			16.04	334-3
C1522204007	哈拉陶勒亥北	3 251 489	80	0.1	0.001 6	0.60			24.97	334-3
C1522204008	敦德萨拉	2 546 082	80	0.1	0.001 6	0.60			19.55	334-3
C1522204009	伊和敖包村西	8 041 981	80	0.1	0.001 6	0.60			61.76	334-3
C1522204010	刘满壕南	1 589 911	100	0.1	0.001 6	0.60			15.26	334-3
预测工作区合计							519.07	229.13	423.71	

表 5-37 热液充填型萤石矿黑沙图-乌兰布拉格预测工作区预测成果表

最小预测区编号	最小预测区名称	$S_{预}$ (m^2)	$H_{预}$ (m)	Ks	K (t/m^3)	α	$Z_{查}$ ($\times 10^3$ t) 矿石量	$Z_{查}$ ($\times 10^3$ t) CaF$_2$	$Z_{预}$ CaF$_2$ ($\times 10^3$ t)	资源量级别
A1522205001	黑沙图	5 724 426	292	1	0.000 38	1	866.05	569.6	65.58	334-1
A1522205002	1481 高地北	4 151 851	285	0.35	0.000 38	0.85			133.77	334-2
A1522205003	1513 高地西北	4 315 150	280	0.35	0.000 38	0.85			136.59	334-2
B1522205001	艾力格乌素南	4 586 304	285	0.35	0.000 38	0.80			139.08	334-3
B1522205002	1479 高地南	4 578 899	280	0.30	0.000 38	0.80			116.93	334-3
B1522205003	伊克乌苏	6 590 779	280	0.30	0.000 38	0.75			157.78	334-3
C1522205001	查韩黑沙图	7 769 712	280	0.35	0.000 38	0.75			217.01	334-3
C1522205002	1495 高地北	6 389 408	280	0.35	0.000 38	0.75			178.46	334-3
C1522205003	1436 高地	2 051 977	280	0.30	0.000 38	0.75			49.12	334-3
C1522205004	1550 高地	8 613 097	280	0.35	0.000 38	0.75			240.56	334-3
预测总计							866.05	569.6	1 434.88	

表 5-38 热液充填型萤石矿白音脑包-赛乌苏预测工作区预测成果表

最小预测区编号	最小预测区名称	$S_{预}$ (m²)	$H_{预}$ (m)	Ks	K (t/m³)	α	$Z_{查}$ (×10³t) 矿石量	$Z_{查}$ (×10³t) CaF$_2$	$Z_{预}$ CaF$_2$ (×10³t)	资源量级别
A1522206001	白音脑包	7 139 887	186	0.3	0.000 896 7	1	345.7	298.34	58.91	334-1
B1522206001	白音脑包西	17 077 477	186	0.1	0.000 896 7	0.50			142.41	334-3
B1522206002	布敦	21 785 077	186	0.1	0.000 896 7	0.50			181.67	334-3
B1522206003	杭盖	4 352 910	110	0.2	0.000 896 7	0.50			42.94	334-3
B1522206004	杭盖东南	2 753 215	110	0.2	0.000 896 7	0.30			16.29	334-3
B1522206005	哈丹吁舒	6 811 278	110	0.2	0.000 896 7	0.30			40.31	334-2
C1522206001	962 高地东	3 390 707	110	0.2	0.000 896 7	0.30			20.07	334-3
C1522206002	白音脑包北	1 538 635	186	0.3	0.000 896 7	0.50			38.49	334-3
C1522206003	西里西南	2 869 638	110	0.3	0.000 896 7	0.30			25.47	334-3
C1522206004	1016 高地西北	14 391 994	110	0.1	0.000 896 7	0.30			42.59	334-3
C1522206005	1023 高地	4 879 606	110	0.2	0.000 896 7	0.30			28.88	334-3
C1522206006	呼格吉勒	9 312 077	110	0.2	0.000 896 7	0.30			55.12	334-3
C1522206007	1030 高地南	1 722 156	110	0.3	0.000 896 7	0.30			15.29	334-3
预测总计							345.7	298.34	708.44	

表 5-39 热液充填型萤石矿白彦敖包-石匠山预测工作区预测成果表

最小预测区编号	最小预测区名称	$S_{预}$ (m²)	$H_{预}$ (m)	Ks	K (t/m³)	α	$Z_{查}$ (×10³t) 矿石量	$Z_{查}$ (×10³t) CaF$_2$	$Z_{预}$ CaF$_2$ (×10³t)	资源量级别
A1522207001	白彦敖包	693 027	70	1	0.001 3	1	56.1	39.16	23.91	334-1
A1522207002	白彦敖包南山	1 095 071	70	0.7	0.001 3	0.80	63.37	32.19	23.16	334-1
A1522207003	立本公司村	2 028 396	70	0.7	0.001 3	0.80	39.94	21.27	82.10	334-1
A1522207004	杨家沟	1 537 068	50	0.7	0.001 3	0.80	53.29	42.17	13.78	334-1
A1522207005	达盖滩	921 668	200	0.7	0.001 3	0.80	111.57	100.41	33.78	334-1
A1522207006	小盘沟	1 745 484	100	0.7	0.001 3	0.80	69.52	36.61	90.46	334-1
A1522207007	石匠山	1 305 985	90	0.7	0.001 3	0.80	96.29	84.28	1.29	334-1
B1522207001	三胜地	976 235	70	0.2	0.001 3	0.70			12.44	334-2
C1522207001	1681 高地	636 515	70	0.2	0.001 3	0.60			6.95	334-3
C1522207002	格化司台乡东	1 296 603	70	0.2	0.001 3	0.60			14.16	334-3
C1522207003	二股地村	1 913 630	70	0.2	0.001 3	0.60			20.90	334-3
C1522207004	大库伦乡东	989 551	70	0.2	0.001 3	0.60			10.81	334-3
C1522207005	六盆地村北	2 597 114	70	0.2	0.001 3	0.60			28.36	334-3
C1522207006	六盆地村	5 572 077	70	0.2	0.001 3	0.60			60.85	334-3
C1522207007	三面井乡	3 245 812	70	0.2	0.001 3	0.60			35.44	334-3
C1522207008	1545 高地北	2 205 706	70	0.2	0.001 3	0.60			24.09	334-3

续表 5-39

最小预测区编号	最小预测区名称	$S_{预}$ (m^2)	$H_{预}$ (m)	Ks	K (t/m^3)	α	$Z_{查}$(×10^3 t) 矿石量	$Z_{查}$(×10^3 t) CaF$_2$	$Z_{预}$ CaF$_2$ (×10^3 t)	资源量级别
C1522207009	昔尼乌素村北	3 431 688	70	0.2	0.001 3	0.60			37.47	334-3
C1522207010	德善乡东南	2 890 584	70	0.2	0.001 3	0.60			31.57	334-3
C1522207011	小盘沟东北	2 093 184	70	0.2	0.001 3	0.60			22.86	334-3
	预测工作区合计						490.08	356.09	574.38	

表 5-40　热液充填型萤石矿东井子-太仆寺东郊预测工作区预测成果表

最小预测区编号	最小预测区名称	$S_{预}$ (m^2)	$H_{预}$ (m)	Ks	K (t/m^3)	α	$Z_{查}$(×10^3 t) 矿石量	$Z_{查}$(×10^3 t) CaF$_2$	$Z_{预}$ CaF$_2$ (×10^3 t)	资源量级别
A1522208001	1510 高地	1 119 644	200	1	0.000 31	1	54	51	18.42	334-1
B1522208001	1787 高地西	18 273 230	185	0.15	0.000 31	0.45			70.74	334-3
B1522208002	1540 高地	10 459 305	185	0.15	0.000 31	0.45			40.49	334-3
B1522208003	1480 高地西	10 385 275	180	0.15	0.000 31	0.40			34.77	334-3
B1522208004	沙巴尔图嘎查东	14 949 133	185	0.10	0.000 31	0.40			34.29	334-3
B1522208005	1469 高地	5 206 792	150	0.10	0.000 31	0.45			10.90	334-3
B1522208006	1503 高地北	3 255 461	165	0.15	0.000 31	0.35			8.74	334-3
B1522208007	1370 高地北	7 965 409	165	0.15	0.000 31	0.35			21.39	334-3
B1522208008	1470 高地	3 879 153	170	0.10	0.000 31	0.35			7.16	334-3
C1522208001	1448 高地西北	2 699 272	185	0.15	0.000 31	0.35			8.13	334-3
C1522208002	杨家营子	4 147 609	180	0.15	0.000 31	0.40			13.89	334-3
C1522208003	1480 高地东南	3 225 620	175	0.15	0.000 31	0.40			10.50	334-3
C1522208004	1503 高地东南	10 683 751	170	0.15	0.000 31	0.30			25.34	334-3
	预测总计						54	51	304.76	

表 5-41　热液充填型萤石矿跃进预测工作区预测成果表

最小预测区编号	最小预测区名称	$S_{预}$ (m^2)	$H_{预}$ (m)	Ks	K (t/m^3)	α	$Z_{查}$(×10^3 t) 矿石量	$Z_{查}$(×10^3 t) CaF$_2$	$Z_{预}$ CaF$_2$ (×10^3 t)	资源量级别
A1522209001	跃进	22 790 289	120	1	0.000 19	1	603.82	392.30	127.32	334-1
B1522209001	跃进公社三队西北	1 085 028	120	0.85	0.000 19	0.85			17.87	334-2
C1522209001	1200 高地东	5 915 973	125	0.80	0.000 19	0.80			89.92	334-3
C1522209002	1196 高地南	3 540 420	125	0.80	0.000 19	0.80			53.81	334-3
C1522209003	1223 高地南	5 541 870	125	0.70	0.000 19	0.80			73.71	334-3
C1522209004	1491 高地西	5 102 053	120	0.70	0.000 19	0.80			65.14	334-3
	预测总计						603.82	392.30	427.77	

表 5-42 热液充填型萤石矿苏达勒-乌兰哈达预测工作区预测成果表

最小预测区编号	最小预测区名称	$S_{预}$（m²）	$H_{预}$（m）	Ks	K（t/m³）	α	$Z_{查}$（×10³t）矿石量	$Z_{查}$（×10³t）CaF₂	$Z_{预}$ CaF₂（×10³t）	资源量级别
A1522210001	苏达勒	2 707 173	79	1	0.000 73	1	267	126.8	29.32	334-1
A1522210002	乌兰哈达	3 159 570	75	0.6	0.000 73	0.75	45.2	17.6	60.24	334-1
A1522210003	富裕屯	2 272 574	75	0.6	0.000 73	0.75	66	40.8	15.19	334-1
B1522210001	1317 高地西	7 304 922	60	0.3	0.000 73	0.35			33.60	334-2
B1522210002	1212 高地东	12 249 051	65	0.3	0.000 73	0.30			52.31	334-2
B1522210003	703 高地南	4 610 402	60	0.3	0.000 73	0.35			21.20	334-2
B1522210004	600 高地东	12 956 999	60	0.3	0.000 73	0.30			51.08	334-2
C1522210001	1190 高地东	5 179 528	65	0.2	0.000 73	0.35			23.82	334-3
C1522210002	777 高地南	5 038 735	65	0.2	0.000 73	0.35			25.10	334-3
C1522210003	793 高地西南	4 553 768	65	0.2	0.000 73	0.20			8.64	334-3
C1522210004	东沙布尔台乡南	4 244 918	65	0.2	0.000 73	0.35			14.10	334-3
C1522210005	699 高地东	10 903 901	60	0.2	0.000 73	0.35			33.43	334-3
C1522210006	832 高地西	2 990 615	65	0.2	0.000 73	0.35			9.93	334-3
C1522210007	东萨拉村西	7 744 186	70	0.2	0.000 73	0.35			27.70	334-3
C1522210008	德富村东北	4 080 708	60	0.2	0.000 73	0.35			12.51	334-3
C1522210009	香山镇西	5 478 938	60	0.2	0.000 73	0.20			9.60	334-3
C1522210010	巴彦塔拉苏木东北	3 729 244	60	0.2	0.000 73	0.35			11.43	334-3
C1522210011	布敦花羊铺北	3 294 662	65	0.2	0.000 73	0.30			9.38	334-3
C1522210012	香山牧铺西南	3 727 300	70	0.2	0.000 73	0.30			11.43	334-3
预测总计							378.2	185.2	460.01	

表 5-43 热液充填型萤石矿大西沟-桃海预测工作区预测成果表

最小预测区编号	最小预测区名称	$S_{预}$（m²）	$H_{预}$（m）	Ks	K（t/m³）	α	$Z_{查}$（×10³t）矿石量	$Z_{查}$（×10³t）CaF₂	$Z_{预}$ CaF₂（×10³t）	资源量级别
A1522211001	大西沟乡	14 824 528	346	0.2	0.000 27	1	277.74	210.27	71.43	334-1
A1522211002	桃海	5 059 989	58	0.4	0.000 27	0.80	16.03	15.07	10.29	334-1
B1522211001	大西沟西	10 163 062	346	0.2	0.000 27	0.70			132.92	334-3
B1522211002	上瓦房乡	25 313 999	346	0.1	0.000 27	0.70			165.54	334-3
B1522211003	砬子沟村	39 163 152	115	0.1	0.000 27	0.70			85.12	334-3
B1522211004	1678 高地	9 544 042	346	0.2	0.000 27	0.70			124.82	334-2
B1522211005	五家南	21 754 766	231	0.2	0.000 27	0.70			189.96	334-3
B1522211006	三道沟	11 020 767	231	0.2	0.000 27	0.70			96.23	334-3
C1522211001	三姓庄	7 831 313	231	0.3	0.000 27	0.50			73.27	334-3
C1522211002	扎兰吐	11 399 865	115	0.3	0.000 27	0.50			53.09	334-3

续表 5-43

最小预测区编号	最小预测区名称	$S_{预}$ (m²)	$H_{预}$ (m)	Ks	K (t/m³)	α	$Z_{查}$ (×10³ t) 矿石量	$Z_{查}$ (×10³ t) CaF₂	$Z_{预}$ CaF₂ (×10³ t)	资源量级别
C1522211003	四十家子乡西北	2 553 738	346	0.5	0.000 27	0.50			59.64	334-3
C1522211004	1080 高地	17 369 358	115	0.1	0.000 27	0.50			26.97	334-3
C1522211005	1256 高地	3 849 926	231	0.4	0.000 27	0.50			48.02	334-3
C1522211006	三道沟门东北	8 023 661	346	0.3	0.000 27	0.50			112.44	334-3
C1522211007	906 高地东	2 918 962	115	0.4	0.000 27	0.50			18.13	334-3
C1522211008	美林乡	4 037 074	346	0.2	0.000 27	0.50			37.71	334-3
C1522211009	袍子坡乡南	6 127 462	115	0.2	0.000 27	0.50			19.03	334-3
C1522211010	马站城子乡	1 194 854	115	0.5	0.000 27	0.50			9.28	334-3
C1522211011	1036 高地	7 455 429	115	0.2	0.000 27	0.50			23.15	334-3
C1522211012	895 高地南	7 084 581	58	0.2	0.000 27	0.50			11.09	334-3
C1522211013	1708 高地	4 483 441	58	0.2	0.000 27	0.50			7.02	334-3
预测总计							293.77	225.34	1 375.15	

表 5-44 热液充填型萤石矿白杖子-陈道沟预测工作区预测成果表

最小预测区编号	最小预测区名称	$S_{预}$ (m²)	$H_{预}$ (m)	Ks	K (t/m³)	α	$Z_{查}$ (×10³ t) 矿石量	$Z_{查}$ (×10³ t) CaF₂	$Z_{预}$ CaF₂ (×10³ t)	资源量级别
A1522212001	大甸子乡	7 195 177	115	0.3	0.000 98	1	350.2	170.80	73.22	334-1
A1522212002	白杖子	7 959 687	204	0.1	0.000 98	0.90	118.91	71.70	71.52	334-1
B1522212001	宝国吐乡西北	4 377 950	115	0.2	0.000 98	0.75			74.01	334-3
B1522212002	熬音勿苏乡南	2 358 301	115	0.2	0.000 98	0.75			39.87	334-3
B1522212003	敖吉乡东南	4 540 789	213	0.2	0.000 98	0.75			142.18	334-3
B1522212004	779 高地东	3 332 313	115	0.2	0.000 98	0.75			56.33	334-3
B1522212005	王家营子乡	2 618 513	188	0.2	0.000 98	0.75			72.37	334-3
B1522212006	老烧锅村东	2 097 059	85	0.2	0.000 98	0.75			26.20	334-3
C1522212001	南塔乡	581 599	188	0.5	0.000 98	0.50			26.79	334-3
C1522212002	南塔乡南	1 839 131	188	0.2	0.000 98	0.50			33.88	334-3
C1522212003	丰收乡南	3 045 828	207	0.2	0.000 98	0.50			61.79	334-3
C1522212004	王家营子乡西	1 993 397	106	0.2	0.000 98	0.50			20.71	334-3
C1522212005	王家营子乡东	4 678 817	115	0.1	0.000 98	0.50			26.37	334-3
C1522212006	王家营子乡西北	1 796 161	106	0.2	0.000 98	0.50			18.66	334-3
C1522212007	克力代乡西北	1 202 318	106	0.3	0.000 98	0.50			18.73	334-3
C1522212008	贝子府镇南	708 524	115	0.2	0.000 98	0.50			7.99	334-3
C1522212009	1009 高地	993 492	85	0.2	0.000 98	0.50			8.28	334-3
预测总计							469.11	242.5	778.9	

表 5-45 热液充填型萤石矿昆库力-旺石山预测工作区预测成果表

最小预测区编号	最小预测区名称	$S_{预}$ (m^2)	$H_{预}$ (m)	Ks	K (t/m^3)	α	$Z_{查}$ ($\times 10^3$ t) 矿石量	$Z_{查}$ ($\times 10^3$ t) CaF_2	$Z_{预}$ CaF_2 ($\times 10^3$ t)	资源量级别
A1522213001	昆库力	7 438 747	45	1	0.000 22	1	54.4	40.3	33.34	334-1
A1522213002	青年沟	6 956 861	45	0.5	0.000 22	0.80	20.24	13.2	14.35	334-1
A1522213003	拉布达林农牧场	3 044 655	100	1	0.000 22	1	69.96	50.7	16.28	334-1
A1522213004	东方红	3 024 612	400	1	0.000 22	0.80	270	180.9	32.03	334-1
A1522213005	旺石山	5 064 567	150	0.5	0.000 22	0.75	141.22	52.9	9.77	334-1
B1522213001	921 高地东	23 087 188	45	0.2	0.000 22	0.40			18.29	334-3
B1522213002	昆库力北	3 868 382	45	0.5	0.000 22	0.40			7.66	334-2
B1522213003	昆库力西南	23 819 669	45	0.2	0.000 22	0.40			18.87	334-2
B1522213004	753 高地南	10 439 294	45	0.2	0.000 22	0.40			8.27	334-3
B1522213005	八田山	21 167 254	200	0.2	0.000 22	0.30			55.88	334-3
B1522213006	辉屯温都日西	7 474 983	200	0.2	0.000 22	0.30			19.73	334-3
B1522213007	石尖山	35 735 196	200	0.2	0.000 22	0.30			94.34	334-3
B1522213008	石尖山东南	4 748 723	200	0.2	0.000 22	0.30			12.54	334-3
B1522213009	赤云山北	7 394 004	200	0.2	0.000 22	0.30			19.52	334-3
B1522213010	932 高地	4 109 678	45	0.2	0.000 22	0.30			2.44	334-3
B1522213011	917 高地	536 395	150	0.5	0.000 22	0.30			2.66	334-3
B1522213012	旺石山南	1 178 913	150	0.2	0.000 22	0.30			2.33	334-2
C1522213001	毛子沟	14 341 347	45	0.2	0.000 22	0.10			2.84	334-3
C1522213002	青年沟东	949 747	45	0.2	0.000 22	0.10			0.19	334-3
C1522213003	929 高地	1 178 996	45	0.5	0.000 22	0.10			0.58	334-3
C1522213004	921 高地	13 277 239	45	0.2	0.000 22	0.10			2.63	334-3
C1522213005	拉布达林东	34 553 940	45	0.1	0.000 22	0.10			3.42	334-3
C1522213006	1070 高地东	28 753 895	45	0.2	0.000 22	0.10			5.69	334-3
C1522213007	昆库力南	4 980 760	45	0.2	0.000 22	0.10			2.47	334-3
C1522213008	728 高地	26 641 772	200	0.2	0.000 22	0.20			46.89	334-3
C1522213009	八田山南	12 438 170	200	0.2	0.000 22	0.20			21.89	334-3
C1522213010	赤云山西	43 748 590	200	0.1	0.000 22	0.20			38.5	334-3
C1522213011	必鲁廷陶勒盖	43 803 096	200	0.1	0.000 22	0.20			38.55	334-3
C1522213012	东方红西南	715 006	200	0.2	0.000 22	0.20			1.26	334-3
C1522213013	赤云山南	29 086 813	200	0.2	0.000 22	0.20			51.19	334-3
C1522213014	905 高地	1 694 372	150	0.5	0.000 22	0.20			5.59	334-3
C1522213015	大春日山东	6 004 611	150	0.5	0.000 22	0.20			19.82	334-3
C1522213016	932 高地东	3 965 869	150	0.5	0.000 22	0.20			13.09	334-3

续表 5-45

最小预测区编号	最小预测区名称	$S_{预}$ (m^2)	$H_{预}$ (m)	Ks	K (t/m^3)	α	$Z_{查}(\times 10^3 t)$ 矿石量	$Z_{查}(\times 10^3 t)$ CaF$_2$	$Z_{预}$ CaF$_2$ ($\times 10^3 t$)	资源量级别
C1522213017	815 高地	3 629 482	150	0.5	0.000 22	0.20			11.98	334-3
C1522213018	旺石山北	15 042 388	150	0.2	0.000 22	0.20			19.86	334-3
C1522213019	917 高地南	680 604	150	0.2	0.000 22	0.20			0.9	334-3
C1522213020	950 高地	48 733 312	100	0.1	0.000 22	0.20			21.44	334-3
预测总计							555.82	338.0	677.08	

表 5-46 热液充填型萤石矿哈达汗-诺敏山预测工作区预测成果表

最小预测区编号	最小预测区名称	$S_{预}$ (m^2)	$H_{预}$ (m)	Ks	K (t/m^3)	α	$Z_{查}(\times 10^3 t)$ 矿石量	$Z_{查}(\times 10^3 t)$ CaF$_2$	$Z_{预}$ CaF$_2$ ($\times 10^3 t$)	资源量级别
A1522214001	哈达汗	2 585 828	66	1	0.000 5	1	89.7	63.62	21.71	334-1
B1522214001	1218 高地东南	542 790	66	0.7	0.000 5	0.80			10.03	334-3
B1522214002	629 高地南	477 776	66	0.7	0.000 5	0.80			8.83	334-3
B1522214003	1018 高地东南	290 122	66	0.7	0.000 5	0.80			5.36	334-3
C1522214001	1018 高地	2 265 122	66	0.4	0.000 5	0.60			17.94	334-3
C1522214002	1018 高地东	348 065	66	0.4	0.000 5	0.60			2.76	334-3
C1522214003	1018 高地南	851 468	66	0.4	0.000 5	0.60			6.74	334-3
C1522214004	629 高地西南	1 821 286	66	0.4	0.000 5	0.60			14.42	334-3
C1522214005	976 高地东北	2 498 805	66	0.4	0.000 5	0.60			19.79	334-3
C1522214006	941 高地西	599 881	66	0.4	0.000 5	0.60			4.75	334-3
预测工作区合计							89.7	63.62	112.33	

表 5-47 热液充填型萤石矿协林-六合屯预测工作区预测成果表

最小预测区编号	最小预测区名称	$S_{预}$ (m^2)	$H_{预}$ (m)	Ks	K (t/m^3)	α	$Z_{查}(\times 10^3 t)$ 矿石量	$Z_{查}(\times 10^3 t)$ CaF$_2$	$Z_{预}$ CaF$_2$ ($\times 10^3 t$)	资源量级别
A1522215001	六合屯	379 640	50	1	0.000 5	1	9.16	5.38	4.11	334-1
A1522215002	协林	2 026 086	100	0.9	0.000 5	0.95	129	77.79	8.83	334-1
B1522215001	411 高地南	1 063 633	50	0.4	0.000 5	0.80			8.51	334-3
B1522215002	387 高地北	818 032	50	0.4	0.000 5	0.80			6.54	334-3
B1522215003	456 高地	2 781 277	50	0.4	0.000 5	0.80			22.25	334-3
B1522215004	365 高地	3 683 621	50	0.4	0.000 5	0.80			29.47	334-3
B1522215005	五队马点西	2 099 018	50	0.4	0.000 5	0.80			16.79	334-3
C1522215001	东包达力干嘎查	1 641 751	50	0.2	0.000 5	0.60			4.93	334-3
C1522215002	437 高地西北	1 895 256	50	0.2	0.000 5	0.60			5.69	334-3

续表 5-47

最小预测区编号	最小预测区名称	$S_{预}$ (m²)	$H_{预}$ (m)	Ks	K (t/m³)	α	$Z_{查}$(×10³t) 矿石量	$Z_{查}$(×10³t) CaF₂	$Z_{预}$ CaF₂ (×10³t)	资源量级别
C1522215003	古恩嘎查	2 985 857	50	0.2	0.000 5	0.60			8.96	334-3
C1522215004	364 高地北	8 856 577	50	0.2	0.000 5	0.60			26.57	334-3
C1522215005	427 高地北	3 827 026	50	0.2	0.000 5	0.60			11.48	334-3
C1522215006	合特嘎查西北	5 160 169	50	0.2	0.000 5	0.60			15.48	334-3
预测工作区合计							138.16	83.17	169.61	

表 5-48 热液充填型萤石矿白音锡勒牧场-水头预测工作区预测成果表

最小预测区编号	最小预测区名称	$S_{预}$ (m²)	$H_{预}$ (m)	Ks	K (t/m³)	α	$Z_{查}$(×10³t) 矿石量	$Z_{查}$(×10³t) CaF₂	$Z_{预}$ CaF₂ (×10³t)	资源量级别
A1522216001	白音锡勒牧场	6 628 183	74	1	0.000 86	1	313.95	254.3	167.52	334-1
A1522216002	水头	17 251 651	70	0.3	0.000 86	0.75	76.08	57.4	176.27	334-1
A1522216003	1858 高地西	8 186 283	70	0.3	0.000 86	0.75			110.88	334-2
A1522216004	三楞子山村	16 900 734	55	0.3	0.000 86	0.35			83.94	334-2
A1522216005	大营子村北	4 001 477	60	0.3	0.000 86	0.20			12.39	334-2
B1522216001	老房子西	12 840 154	55	0.3	0.000 86	0.25			45.55	334-3
B1522216002	海流特大牛圈	28 045 150	55	0.3	0.000 86	0.20			79.59	334-3
B1522216003	巴彦布拉格嘎查北	40 022 592	55	0.3	0.000 86	0.15			85.19	334-3
B1522216004	沙胡同南	11 078 534	60	0.3	0.000 86	0.15			25.72	334-3
B1522216005	白音昆地东	23 580 501	60	0.2	0.000 86	0.20			48.67	334-3
B1522216006	1542 高地东	7 803 305	60	0.2	0.000 86	0.15			12.08	334-3
B1522216007	白音昌沟门	22 042 113	55	0.2	0.000 86	0.15			31.28	334-3
B1522216008	1532 高地东	29 734 322	60	0.2	0.000 86	0.15			46.03	334-3
B1522216009	1938 高地	9 243 379	65	0.2	0.000 86	0.15			15.50	334-3
B1522216010	1762 高地东	35 240 208	55	0.2	0.000 86	0.15			50.01	334-3
B1522216011	1855 高地西	5 382 344	55	0.2	0.000 86	0.20			10.18	334-3
B1522216012	1480 高地北	15 535 242	55	0.2	0.000 86	0.15			22.04	334-3
B1522216013	两间房村	38 087 952	60	0.2	0.000 86	0.20			78.61	334-3
B1522216014	三楞子山村东	6 573 815	65	0.2	0.000 86	0.20			14.70	334-3
B1522216015	1130 高地东	14 055 151	65	0.2	0.000 86	0.20			31.43	334-3

续表 4-48

最小预测区编号	最小预测区名称	$S_{预}$ (m²)	$H_{预}$ (m)	Ks	K (t/m³)	α	$Z_{查}$(×10³ t) 矿石量	$Z_{查}$(×10³ t) CaF$_2$	$Z_{预}$ CaF$_2$ (×10³ t)	资源量级别
B1522216016	马鞍山村西	15 528 476	65	0.2	0.000 86	0.20			34.72	334-3
B1522216017	白音沙那沟门东	15 152 185	65	0.2	0.000 86	0.20			33.88	334-3
C1522216001	毛牛棚	5 623 426	65	0.2	0.000 86	0.15			9.43	334-3
C1522216002	古特勒哈沙图东	4 970 010	65	0.2	0.000 86	0.15			8.33	334-3
C1522216003	白房子北	4 828 230	65	0.2	0.000 86	0.15			8.10	334-3
C1522216004	1213 高地南	5 775 990	60	0.2	0.000 86	0.15			8.94	334-3
C1522216005	1273 高地	6 585 916	60	0.2	0.000 86	0.15			10.20	334-3
C1522216006	1500 高地西	23 889 095	60	0.2	0.000 86	0.20			49.31	334-3
C1522216007	1449 高地	5 378 220	60	0.2	0.000 86	0.20			11.10	334-3
C1522216008	1641 高地东	10 221 570	60	0.1	0.000 86	0.20			10.55	334-3
C1522216009	1751 高地北	2 798 695	60	0.1	0.000 86	0.20			2.89	334-3
C1522216010	1816 高地北	9 732 827	60	0.1	0.000 86	0.15			7.53	334-3
C1522216011	1697 高地	49 141 701	60	0.1	0.000 86	0.15			38.04	334-3
C1522216012	1776 高地南	8 990 950	60	0.1	0.000 86	0.15			6.96	334-3
C1522216013	努其宫村南	10 773 284	60	0.1	0.000 86	0.15			8.34	334-3
C1522216014	1057 高地北	6 634 176	60	0.1	0.000 86	0.15			5.13	334-3
C1522216015	1465 高地西	5 332 647	55	0.1	0.000 86	0.15			3.78	334-3
C1522216016	1057 高地南	8 509 829	55	0.1	0.000 86	0.15			6.04	334-3
C1522216017	繁荣乡西南	3 532 603	55	0.1	0.000 86	0.15			2.51	334-3
C1522216018	1027 高地西南	6 708 897	65	0.1	0.000 86	0.15			5.63	334-3
C1522216019	1027 高地东南	2 739 175	65	0.1	0.000 86	0.15			2.30	334-3
C1522216020	葱根沟沟外	3 862 516	65	0.1	0.000 86	0.15			3.24	334-3
C1522216021	905 高地北	8 673 194	65	0.1	0.000 86	0.15			7.27	334-3
C1522216022	呀马吐南	4 371 101	60	0.1	0.000 86	0.20			4.51	334-3
C1522216023	671 高地西	6 562 474	60	0.1	0.000 86	0.20			6.77	334-3
C1522216024	671 高地东	2 593 111	60	0.1	0.000 86	0.20			2.68	334-3
预测总计							390.03	311.7	1 445.76	

表 5-49 内蒙古自治区白云鄂博主矿、东矿区伴生萤石矿储量表

项目 矿石类型	主矿				东矿		
	矿石量($\times 10^3$ t)	CaF_2($\times 10^3$ t)	CaF_2(%)	F^-(%)	矿石量($\times 10^3$ t)	CaF_2($\times 10^3$ t)	CaF_2(%)
含萤石块状铁矿石	3 358.600	344.26	10.25	5.87	204.521	14.50	7.09
萤石型赤铁矿石	12 322.429	3 840.90	31.17	16.83	637.137	45.17	7.09
萤石霓石型铁矿石	3 853.167	505.92	13.13	7.25	8 454.425	1 114.29	13.18
含萤石云母型铁矿石	1 203.766	108.82	9.04				
萤石型铁矿石	67 601.604	21 071.42	31.17	16.83	10 340.961	2 460.12	23.79
萤石钠闪石型铁矿石	3 414.202	640.16	18.75	8.31	21 646.176	4 058.66	18.75
合计	90 550.002	26 511.48			41 283.220	7 692.74	

内蒙古自治区萤石矿预测资源总量为 66 372.32×10^3 t，其中沉积改造型萤石矿预测资源量为 54 500.29×10^3 t，热液充填型萤石矿预测资源量为 11 872.03×10^3 t。伴生型萤石预测资源量为 34 204.22×10^3 t。

第六章 内蒙古自治区萤石矿资源潜力分析

第一节 萤石矿预测资源量与资源现状对比

截至 2009 年底,内蒙古自治区萤石矿上表(指内蒙古自治区矿产资源储量表,2009 年,下同)矿产地 28 处,均为萤石单矿种。全区累计查明萤石矿资源储量 3 347.80×10^4t(萤石矿物量 1 892.78×10^4t),其中,基础储量 960.82×10^4t,资源量 2 386.98×10^4t,基础储量和资源量分别占全区查明资源量的 28.7% 和 71.3%。全区保有资源储量 2 924.90×10^4t(萤石矿物量 1 607.57×10^4t),居全国第二位,其中,基础储量 1 055.10×10^4t、资源量 1 869.80×10^4t,基础储量和资源量分别占全区保有资源总量的 36.1% 和 63.9%。

在全区 28 处萤石矿产地中,查明资源储量规模达大型的有 3 处,保有资源储量 2555×10^4t;达中型的有 4 处,保有资源储量 221×10^4t。大中型矿产地数量占全区萤石矿产地的 25%,保有资源储量占全区保有资源储量的 94.9%。

内蒙古自治区除呼和浩特市、乌海市和鄂尔多斯市尚无查明的萤石矿产地外,其他 9 个盟市均有萤石资源分布,但主要分布在乌兰察布市(主要有四子王旗苏莫查干敖包超大型萤石矿床),其保有资源储量占全区的 69.7%。

本次工作在 17 个预测工作区内统计已查明萤石矿资源量 1 900.22×10^4t,预测资源总量 6 637.23×10^4t(不包括伴生型萤石矿),预测资源量约为查明资源量的 3.5 倍,详见表 6-1。

表 6-1 内蒙古自治区萤石矿预测资源量与资源现状对比表

预测方法类型	已查明资源量		预测资源量(t)	预测资源量可利用性	
	资源量(t)	与预测资源量对比		资源量(t)	占预测资源量比重(%)
层控内生型	14 609 860	1∶3.73	54 500 290	48 284 140	88.59
侵入岩体型	4 392 380	1∶2.70	11 872 030	8 356 560	70.39
合计	19 002 240	1∶3.49	66 372 320	56 640 700	85.34

注:表中的查明资源量和预测资源量均为 CaF_2 矿物量。

第二节 预测资源量潜力分析

全区萤石单矿种共划分 17 个预测工作区,预测工作区总面积约 73 383.05km^2,圈定最小预测区

282个,其中A类预测区45个,B类预测区84个,C类预测区153个。预测资源量约为查明资源量的3.5倍,预测资源量可利用性及可信度较高。

全区萤石矿预测资源量按照预测深度、精度、可利用性和资源量可信度统计结果见表6-2,图6-1~图6-5。

表6-2 内蒙古自治区萤石矿预测资源量综合分类统计表

按预测深度			按精度		
500m以浅	1000m以浅	2000m以浅	334-1	334-2	334-3
20 823 320	66 372 320	66 372 320	40 330 750	10 916 010	15 125 560
合计:66 372 320			合计:66 372 320		
按可利用性			按可信度		
可利用	暂不可利用		≥0.75	≥0.5	≥0.25
56 640 700	9 731 620		20 640 550	44 435 620	66 372 320
合计:66 372 320			合计:66 372 320		

注:表中预测资源量均为CaF_2矿物量,单位为t。

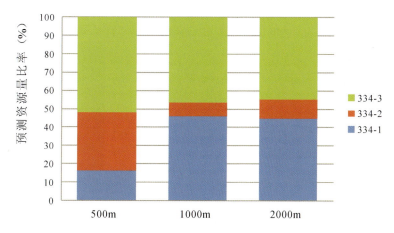

图6-1 全区萤石矿预测资源量按深度统计图

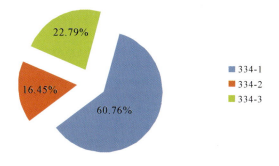

图6-2 全区萤石矿预测资源量按精度统计图

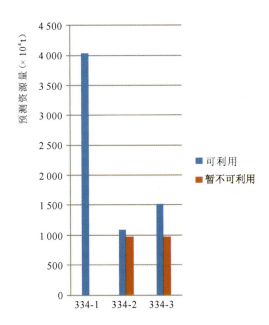

图 6-3　全区萤石矿预测资源量按可利用性统计图

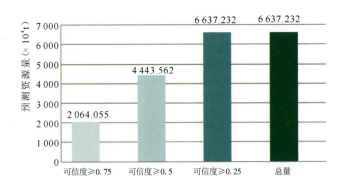

图 6-4　全区萤石矿预测资源量按可信度分类统计图

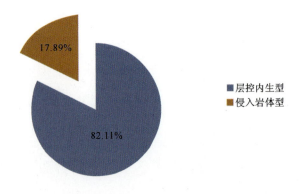

图 6-5　全区萤石矿预测资源量按预测方法类型统计图

白云鄂博矿区伴生萤石矿虽然远景资源量具大,但被矿区内主要矿产铁矿、稀土、铌矿所掩盖,萤石至今也未很好的利用,造成极大的浪费,并给环境带来污染,相信随着科技的发展与矿山管理模式的完善,白云鄂博伴生萤石矿必将成为巨大的宝库。

第三节 勘查部署建议

一、部署原则

以萤石矿为主,以探求新的矿产地及新增资源储量为目标,开展区域矿产资源预测综合研究,在重要找矿远景区及找矿靶区开展矿产勘查工作。

(1)开展矿产预测综合研究。以本次萤石矿预测成果为基础,进一步综合区域地、物、化、遥资料,应用成矿系列理论,进行成矿规律、矿产预测等综合研究,合理圈定找矿远景区,为矿产勘查部署提供依据。

(2)开展矿产勘查工作。依据本次萤石矿预测结果,结合已发现萤石矿床分布特点及其品位变化情况,进行矿产勘查工作部署。在已知矿区的外围及深部部署矿产勘查工作,充分利用预测成果,结合预测资源量的可利用性情况,在矿点和本次预测成果中的A、B、C级优选区相对集中的地区部署矿产详查工作,在找矿远景区内部署矿产普查工作。

二、主攻矿床类型

(1)苏莫查干敖包-二连萤石-Mn成矿亚带主攻矿床类型:沉积改造型萤石矿。
(2)石板井-东七一山 W-Mo-Cu-Fe-萤石成矿亚带主攻矿床类型:热液充填型萤石矿。
(3)碱泉子-卡休他他-沙拉西别 Au-Cu-Fe-Pt 成矿亚带主攻矿床类型:热液充填型萤石矿。
(4)白乃庙-哈达庙 Cu-Au-萤石成矿亚带主攻矿床类型:热液充填型萤石矿。
(5)索伦镇-黄岗 Te-Cu-Zn 成矿亚带主攻矿床类型:热液充填型萤石矿。
(6)内蒙古隆起东段 Fe-Cu-Mo-Pb-Zn-Au-Ag-Mn-P-煤-膨润土成矿带主攻矿床类型:热液充填型萤石矿。

特别强调的是要加强新类型矿床的发现和评价,不受原有矿床类型和模式的限制,以取得找矿新突破。

三、找矿远景区工作部署建议

(一)苏莫查干敖包-敖包吐沉积改造型萤石矿找矿远景区

大地构造位置属天山-兴蒙造山系(Ⅰ)、大兴安岭弧盆系(Ⅰ-Ⅰ)、锡林浩特岩浆(Ⅰ-Ⅰ-6)三级构造分区。成矿区带属阿巴嘎-霍林河 Cr-Cu(Au)-Ge-煤-天然碱-芒硝成矿带(Ym)(Ⅲ-7)、Ⅲ-7-④苏莫查干敖包-二连萤石-Mn 成矿亚带(Vl)(Ⅲ-7-④)、苏莫查干敖包-白音脑包萤石矿集区(V、Y)(V-1)。工作部署建议见表6-3。

表 6-3　苏莫查干敖包-敖包吐找矿远景区工作部署建议表

勘查阶段	远景区名称	面积(km²)	主攻矿床类型	备注
勘探	苏莫查干敖包地区	10.15	沉积改造型萤石矿	包含 A 级预测区 1 个
详查	北敖包吐地区	8.38		包含 A 级预测区 1 个
	满提地区	1.37		包含 B 级预测区 1 个
	西里庙地区	10.23		包含 B 级预测区 1 个
普查	1153 高地以南地区	3.22		包含 A 级预测区 1 个
	1133 高地以南地区	4.73		包含 C 级预测区 1 个

(二)东七一山热液充填型萤石矿找矿远景区

大地构造位置属天山-兴蒙造山系(Ⅰ)及塔里木陆地(Ⅲ)一级构造分区,额济纳旗-北山弧盆系(Ⅰ-9)敦煌陆地(Ⅲ-2)二级构造分区,红石山裂谷(C)(Ⅰ-9-2)、明水岩浆弧(C)(Ⅰ-9-3)、公婆泉岛弧(O—S)(Ⅰ-9-4)及柳园裂谷(Ⅲ-2-1)三级构造分区。成矿区带属磁海-公婆泉 Fe-Cu-Au-Pb-Zn-W-Sn-Rb-V-U-P 成矿带(Pt、Cel、Vml、I-Y)(Ⅲ-2)、石板井-东七一山 W-Mo-Cu-Fe-萤石成矿亚带(Ⅲ-2-①)。工作部署建议见表6-4。

表 6-4　东七一山找矿远景区工作部署建议表

勘查阶段	远景区名称	面积(km²)	主攻矿床类型	备注
详查	东七一山地区	85.94	热液充填型萤石矿	包含 A 级预测区 1 个,C 级预测区 1 个
普查	1354 高地—1253 高地地区	148.68		包含 C 级预测区 3 个
	1108 高地—1113 高地东北地区	159.97		包含 C 级预测区 3 个
	1460 高地—1275 高地南地区	413.32		包含 B 级预测区 4 个,C 级预测区 1 个

(三)哈布达哈拉-恩格勒热液充填型萤石矿找矿远景区

大地构造位置属华北陆块区(Ⅱ)一级构造分区,阿拉善陆块(Ⅱ-7)二级构造分区,迭布斯格-阿拉善右旗陆缘岩浆弧(Pz2)(Ⅱ-7-1)三级构造分区。成矿区带属阿拉善(台隆)Cu-Ni-Pt-Fe-REE-P-石墨-芒硝-盐成矿亚带(Pt、Pz、Kz)(Ⅲ-3)、碱泉子-卡休他他-沙拉西别 Au-Cu-Fe-Pt 成矿亚带(C、Vm、Q)(Ⅲ-3-①)、哈布达哈拉-恩格勒萤石矿集区(Ⅰ)(V-1)。工作部署建议见表6-5。

表 6-5 哈布达哈拉-恩格勒找矿远景区工作部署建议表

勘查阶段	远景区名称	面积(km²)	主攻矿床类型	备注
勘探	恩格勒地区	2.05	热液充填型萤石矿	包含 A 级预测区 1 个
详查	哈布达哈拉地区	8.37		包含 A 级预测区 1 个
普查	哈布达哈拉山西北—呼和哈达南地区	31.55		包含 C 级预测区 2 个
	哈尔楚鲁地区	9.07		包含 C 级预测区 1 个
	1656 高地以西地区	8.91		包含 B 级预测区 1 个
	1536 高地以东地区	14.4		包含 C 级预测区 1 个
	阿拉苏计南—查干陶勒盖东地区	30.38		包含 B 级预测区 1 个，C 级预测区 1 个

(四)黑沙图-乌兰布拉格热液充填型萤石矿找矿远景区

大地构造位置属天山-兴蒙造山系(Ⅰ)、包尔汗图-温都尔庙弧盆系(Ⅰ-8)、温都尔庙俯冲增生杂岩带(Ⅰ-8-2)三级构造分区。成矿区带属阿巴嘎-霍林河 Cr-Cu(Au)-Ge-煤-天然碱-芒硝成矿带(Ym)(Ⅲ-7)、白乃庙-哈达庙 Cu-Au-萤石成矿亚带(Pt、Vm-Ⅰ、Y)(Ⅲ-7-⑥)。工作部署建议见表 6-6。

表 6-6 黑沙图-乌兰布拉格找矿远景区工作部署建议表

勘查阶段	远景区名称	面积(km²)	主攻矿床类型	备注
普查	查韩黑沙图—1481 高地以北地区	40.83	热液充填型萤石矿	包含 A 级预测区 1 个，B 级预测区 1 个，C 级预测区 1 个
	黑沙图地区	12.16		包含 A 级预测区 1 个
	1436 高地—1495 高地以北地区	29.03		包含 C 级预测区 2 个

(五)白音锡勒牧场-水头热液充填型萤石矿找矿远景区

大地构造位置属天山-兴蒙造山系(Ⅰ)、大兴安岭弧盆系(Ⅰ-1)、锡林浩特岩浆弧(Ⅰ-1-6)三级构造分区。成矿区带属林西-孙吴 Pb-Zn-Cu-Mo-Au 成矿带(V1、I1、Ym)(Ⅲ-8)、索伦镇-黄岗 Fe(Sn)-Cu-Zn 成矿亚带(Ⅲ-8-①)、白音锡勒牧场-水头萤石矿集区(Y)(Ⅴ-1)。工作部署建议见表 6-7。

表 6-7　白音锡勒牧场-水头找矿远景区工作部署建议表

勘查阶段	远景区名称	面积(km²)	主攻矿床类型	备注
详查	白音锡勒牧场地区	15.75	热液充填型萤石矿	包含 A 级预测区 1 个
	水头—1751 高地以北地区	363.95		包含 A 级预测区 1 个，C 级预测区 2 个
	大营子村北—1465 高地以西地区	193.96		包含 A 级预测区 3 个，C 级预测区 1 个
普查	老房子西—1213 高地以南地区	220.94		包含 B 级预测区 1 个，C 级预测区 3 个
	白音昆地以东地区	62.18		包含 B 级预测区 1 个
	1542 高地以东地区	24.54		包含 B 级预测区 1 个
	1057 高地以南地区	17.57		包含 C 级预测区 1 个
	1057 高地北—繁荣乡西以南地区	250.13		包含 B 级预测区 1 个，C 级预测区 2 个

（六）大西沟-桃海热液充填型萤石矿找矿远景区

大地构造位置属华北陆块区（Ⅱ），大青山-冀北古弧盆系（Pt_1）（Ⅱ-3），恒山-承德-建平古岩浆弧（Pt_1）（冀北大陆边缘岩浆弧 Pz_2）（Ⅱ-3-1）。成矿区带属华北地台北缘东段 Fe-Cu-Mo-Pb-Zn-Au-Ag-Mn-P-煤-膨润土成矿带（Ⅲ-10）、内蒙古隆起东段 Fe-Cu-Mo-Pb-Zn-Au-Ag-Mn-P-煤-膨润土成矿带（Ⅲ-10-①）、大西沟-桃海萤石矿集区（Y）（Ⅴ-1）。工作部署建议见表6-8。

表 6-8　大西沟-桃海找矿远景区工作部署建议表

勘查阶段	远景区名称	面积(km²)	主攻矿床类型	备注
勘探	大西沟乡地区	18.72	热液充填型萤石矿	包含 A 级预测区 1 个
详查	1678 高地地区	15.24		包含 B 级预测区 1 个
	桃海地区	11.83		包含 A 级预测区 1 个
普查	三姓庄—906 高地以东地区	122.3		包含 B 级预测区 2 个，C 级预测区 3 个
	1080 高地—1256 高地地区	121.88		包含 C 级预测区 3 个
	三道沟—美林乡地区	88.02		包含 B 级预测区 2 个，C 级预测区 1 个
	895 高地南—1708 高地地区	62.28		包含 C 级预测区 2 个
	马站城子乡地区	6.99		包含 C 级预测区 1 个

第四节 开发基地划分

一、开发基地划分原则

按照国家、自治区相关产业政策的要求,依据全区矿产资源特点、地质工作程度及环境承载能力,统筹考虑全区经济、技术、安全、环境等因素,结合本次矿产资源预测结果,在综合考虑当前矿产资源分布和预测成果等因素的基础上,进行未来萤石矿开发基地划分,主要按照勘查工作部署地区进行合理的开发规划,针对预测资源量可被利用的地区进行开发利用,在预测资源量不能被利用的预测地区不进行规划,在选矿技术条件可行、经济合理的情况下再对该地区进行开发规划。

二、开发基地划分及产能预测

根据上述原则,在内蒙古境内共划分了6个萤石矿资源开发基地。

(一)苏莫查干敖包-敖包吐萤石矿资源开发基地

本区地理坐标为东经111°20′以西至中蒙国境线,北纬43°00′~43°12′。行政区划属内蒙古自治区四子王旗管辖,主要的居民点有伊和尔、额和哈善图、推默日吐等,区内包括苏莫查干、西里庙和敖包吐等矿区。

大地构造位置属天山-兴蒙造山系(Ⅰ)、大兴安岭弧盆系(Ⅰ-Ⅰ)、锡林浩特岩浆(Ⅰ-Ⅰ-6)三级构造分区。成矿区带属阿巴嘎-霍林河 Cr-Cu(Au)-Ge-煤-天然碱-芒硝成矿带(Ym)(Ⅲ-7)、Ⅲ-7-④苏莫查干敖包-二连萤石-Mn成矿亚带(V1)(Ⅲ-7-④)、苏莫查干敖包-白音脑包萤石矿集区(V、Y)(V-1)。

区内所有萤石矿均赋存于二叠系大石寨组内,且多集中于大石寨组第三岩段底部结晶灰岩或顶部结晶灰岩透镜体内。

大石寨组所构成的北东向开阔向斜构造控制着本预测区内整个萤石矿的分布格局,同时其次级的北北东向小褶皱以及北东向、北北东向和北西向小规模断层往往是强改造型、彻底改造型热液萤石矿矿体的富集场所。

苏莫查干敖包萤石矿的后期改造是由于花岗岩体的侵入,导致了古地温的升高,在基本封闭的条件下形成了强烈改造萤石矿。其代表矿石类型为糖粒状萤石矿,此时成矿溶液表现了地下热水的特征。但是在岩浆期后阶段,成矿热液表现了岩浆水和地下热水的特征,并在构造裂隙中形成了伟晶脉状萤石矿。

本次工作在该区1 000m以浅共预测A级资源量36 569 360t,B级资源量11 258 470t,C级资源量6 672 460t。萤石矿资源潜力巨大,产能预测见表6-9。

表6-9 苏莫查干敖包-敖包吐萤石矿资源开发基地产能预测表

预测区编号	预测区名称	1 000m以浅产能(t)	资源量级别
A1522501001	苏莫查干敖包	19 667 000	334-1
A1522501002	北敖包吐	7 510 090	334-1

续表 6-9

预测区编号	预测区名称	1 000m 以浅产能(t)	资源量级别
A1522501003	额尔登朝克图嘎查	3 665 420	334-2
A1522501004	1153 高地南	5 726 850	334-2
A 级区总计		36 569 360	
B1522501001	满提	343 410	334-1
B1522501002	西里庙	10 915 060	334-1
B 级区总计		11 258 470	
C1522501001	哈尔德勒东北	369 490	334-3
C1522501002	1208 高地北	1 489 900	334-3
C1522501003	1133 高地南	4 121 730	334-3
C1522501004	敖仑敖包北	691 340	334-3
C 级区总计		6 672 460	

（二）大西沟-桃海萤石矿资源开发基地

本区地理坐标为东经 118°15′～119°15′，北纬 41°20′～42°00′。行政区划属赤峰市喀喇沁旗和宁城县管辖。

大地构造位置属华北陆块区（Ⅱ），大青山-冀北古弧盆系（Pt_1）（Ⅱ-3），恒山-承德-建平古岩浆弧（Pt_1）（冀北大陆边缘岩浆弧 Pz_2）（Ⅱ-3-1）。成矿区带属华北地台北缘东段 Fe-Cu-Mo-Pb-Zn-Au-Ag-Mn-P-煤-膨润土成矿带（Ⅲ-10）、内蒙古隆起东段 Fe-Cu-Mo-Pb-Zn-Au-Ag-Mn-P-煤-膨润土成矿带（Ⅲ-10-①）、大西沟-桃海萤石矿集区（Y）（Ⅴ-1）。

区内已知萤石矿受北北东向、近南北向及北西向断裂构造破碎带控制，产状与破碎带一致，呈陡倾斜产出，因此，断裂构造是热液流动的通道，是萤石矿体产出的主要部位。与成矿有关的岩浆岩为燕山期黑云母二长花岗岩体。

本次工作在该区 1 000m 以浅共预测 A 级资源量 81 720t，B 级资源量 794 590t，C 级资源量 498 840t，产能预测见表 6-10。

表 6-10 大西沟-桃海萤石矿资源开发基地产能预测表

预测区编号	预测区名称	1 000m 以浅产能(t)	资源量级别
A1522211001	大西沟乡	71 430	334-1
A1522211002	桃海	10 290	334-1
A 级区总计		81 720	
B1522211001	大西沟西	132 920	334-3
B1522211002	上瓦房乡	165 540	334-3
B1522211003	碇子沟村	85 120	334-3
B1522211004	1678 高地	124 820	334-2
B1522211005	五家南	189 960	334-3

续表 6-10

预测区编号	预测区名称	1 000m 以浅产能(t)	资源量级别
B1522211006	三道沟	96 230	334-3
B 级区总计		794 590	
C1522211001	三姓庄	73 270	334-3
C1522211002	扎兰吐	53 090	334-3
C1522211003	四十家子乡西北	59 640	334-3
C1522211004	1080 高地	26 970	334-3
C1522211005	1256 高地	48 020	334-3
C1522211006	三道沟门东北	112 440	334-3
C1522211007	906 高地东	18 130	334-3
C1522211008	美林乡	37 710	334-3
C1522211009	袍子坡乡南	19 030	334-3
C1522211010	马站城子乡	9 280	334-3
C1522211011	1036 高地	23 150	334-3
C1522211012	895 高地南	11 090	334-3
C1522211013	1708 高地	7 020	334-3
C 级区总计		498 840	

(三)东七一山萤石矿资源开发基地

本区地理坐标为东经 99°00′～100°00′,北纬 41°00′～41°40′,行政隶属于内蒙古自治区阿拉善盟额济纳旗管辖。

大地构造位置属天山-兴蒙造山系(Ⅰ)及塔里木陆地(Ⅲ)一级构造分区,额济纳旗-北山弧盆系(Ⅰ-9)敦煌陆块(Ⅲ-2)二级构造分区,红石山裂谷(C)(Ⅰ-9-2)、明水岩浆弧(C)(Ⅰ-9-3)、公婆泉岛弧(O—S)(Ⅰ-9-4)及柳园裂谷(Ⅲ-2-1)三级构造分区。成矿区带属磁海-公婆泉 Fe-Cu-Au-Pb-Zn-W-Sn-Rb-V-U-P 成矿带(Pt,Ce1,Vm1,I-Y)(Ⅲ-2)、石板井-东七一山 W-Mo-Cu-Fe-萤石成矿亚带(Ⅲ-2-①)。

区内绝大多数断裂构造与成矿有关,为矿液的通道和良好沉淀场所。以北东向和近于南北向的两组断裂最为发育。

区内萤石矿形成与晚石炭世中粗粒花岗闪长岩有关。岩浆热液初期,高温热液带动含矿物质贯入断裂的缝隙中,在伴有地下水的作用下,岩浆渐渐冷凝,在温度降到较低时逐渐冷凝胶结,形成脉状、囊状、扁豆状矿体。

在该区 1 000m 以浅共预测 A 级资源量 211 160t,B 级资源量 459 910t,C 级资源量 334 590t,产能预测见表 6-11。

表 6-11　东七一山萤石矿资源开发基地产能预测表

预测区编号	预测区名称	1 000m 以浅产能(t)	资源量级别
A1522202001	东七一山	211 160	334-1
A 级区总计		211 160	
B1522202001	1460 高地	52 270	334-3
B1522202002	1488 高地	170 060	334-3
B1522202003	1444 高地	153 610	334-3
B1522202004	1359 高地	83 970	334-3
B 级区总计		459 910	
C1522202001	1354 高地	12 860	334-3
C1522202002	1375 高地	7840	334-3
C1522202003	1253 高地	27 690	334-3
C1522202004	1108 高地	14 910	334-3
C1522202005	1111 高地	15 970	334-3
C1522202006	1113 高地东北	27 280	334-3
C1522202007	东七一山南	166 130	334-3
C1522202008	1275 高地南	61 910	334-3
C 级区总计		334 590	

(四)哈布达哈拉-恩格勒萤石矿资源开发基地

本区地理坐标为东经 104°00′~106°00′,北纬 40°10′~40°40′。行政区划属内蒙古自治区阿拉善左旗及阿拉善右旗管辖。

大地构造位置属华北陆块区(Ⅱ)一级构造分区,阿拉善陆块(Ⅱ-7)二级构造分区,迭布斯格-阿拉善右旗陆缘岩浆弧(Pz_2)(Ⅱ-7-1)三级构造分区。成矿区带属阿拉善(台隆)Cu-Ni-Pt-Fe-REE-P-石墨-芒硝-盐成矿亚带(Pt、Pz、Kz)(Ⅲ-3)、碱泉子-卡休他他-沙拉西别 Au-Cu-Fe-Pt 成矿亚带(C、Vm、Q)(Ⅲ-3-①)、哈布达哈拉-恩格勒萤石矿集区(Ⅰ)(Ⅴ-1)。

区内与成矿有关的为断裂构造,控矿断裂构造近南北向分布。

与成矿有关的岩浆岩为中三叠世中粗粒花岗岩、中粗粒似斑状二长花岗岩及中粗粒碱长花岗岩。

本次工作在该区 1 000m 以浅共预测 A 级资源量 107 540t,B 级资源量 663 680t,C 级资源量 990 210t,萤石矿资源潜力较大,产能预测见表 6-12。

表 6-12　哈布达哈拉-恩格勒萤石矿资源开发基地产能预测表

预测区编号	预测区名称	1 000m 以浅产能(t)	资源量级别
A1522203001	哈布达哈拉	47 380	334-1
A1522203002	恩格勒	60 160	334-1
A 级区总计		107 540	
B1522203001	1536 高地	201 030	334-2

续表 6-12

预测区编号	预测区名称	1 000m 以浅产能(t)	资源量级别
B1522203002	1656 高地西	126 290	334-2
B1522203003	苏亥图南	195 650	334-2
B1522203004	1713 高地北	36 780	334-2
B 级区总计		663 680	
C1522203001	哈布达哈拉山西北	102 810	334-3
C1522203002	呼和哈达南	67 510	334-3
C1522203003	查干塔塔拉	108 900	334-3
C1522203004	1491 高地西	77 680	334-3
C1522203005	特尔木图	281 870	334-3
C1522203006	哈尔楚鲁	88 810	334-3
C1522203007	1536 高地东	134 300	334-3
C1522203008	查干陶勒盖东	128 330	334-3
C 级区总计		990 210	

(五)黑沙图-乌兰布拉格萤石矿资源开发基地

本区地理坐标为东经 109°45′～110°15′,北纬 41°50′～42°10′。位于内蒙古自治区乌兰察布市达尔罕茂明安联合旗境内。

大地构造位置属天山-兴蒙造山系(Ⅰ)、包尔汗图-温都尔庙弧盆系(Ⅰ-8)、温都尔庙俯冲增生杂岩带(Ⅰ-8-2)三级构造分区。成矿区带属阿巴嘎-霍林河 Cr-Cu(Au)-Ge-煤-天然碱-芒硝成矿带(Ym)(Ⅲ-7)、白乃庙-哈达庙 Cu-Au-萤石成矿亚带(Pt、Vm-I、Y)(Ⅲ-7-⑥)。

与成矿有关的断裂构造为近东西向、北东向、北西向,是矿液运移的良好通道与富集场所。

中晚奥陶世英云闪长岩是区内主要的赋矿层位之一。该岩体分布在预测区中西部的广大地区。

在该区 1 000m 以浅共预测 A 级资源量 335 940t,B 级资源量 413 790t,C 级资源量 685 150t,萤石矿资源潜力较大,产能预测见表 6-13。

表 6-13 黑沙图-乌兰布拉格萤石矿资源开发基地产能预测表

预测区编号	预测区名称	1 000m 以浅产能(t)	资源量级别
A1522205001	黑沙图	65 580	334-1
A1522205002	1481 高地北	133 770	334-2
A1522205003	1513 高地西北	136 590	334-2
A 级区总计		335 940	
B1522205001	艾力格乌素南	139 080	334-3
B1522205002	1479 高地南	116 930	334-3
B1522205003	伊克乌苏	157 780	334-3
B 级区总计		413 790	

续表 6-13

预测区编号	预测区名称	1 000m 以浅产能(t)	资源量级别
C1522205001	查韩黑沙图	217 010	334-3
C1522205002	1495 高地北	178 460	334-3
C1522205003	1436 高地	49 120	334-3
C1522205004	1550 高地	240 560	334-3
C 级区总计		685 150	

（六）白音锡勒牧场-水头萤石矿资源开发基地

本区地理坐标为东经 116°25′～118°30′,北纬 43°30′～44°00′。行政区划属内蒙古自治区阿拉善左旗及阿拉善右旗管辖。

大地构造位置属天山-兴蒙造山系（Ⅰ）、大兴安岭弧盆系（Ⅰ-1）、锡林浩特岩浆弧（Ⅰ-1-6）三级构造分区。成矿区带属林西-孙吴 Pb-Zn-Cu-Mo-Au 成矿带（V1,I1,Ym）（Ⅲ-8）、索伦镇-黄岗 Fe(Sn)-Cu-Zn 成矿亚带（Ⅲ-8-①）、白音锡勒牧场-水头萤石矿集区（Y）（V-1）。

北北东—北东东向张扭性正断层及其断裂破碎带是萤石矿形成的必要通道与场所。

燕山早期的正长花岗岩为成矿母岩，该期花岗岩岩浆热液沿构造裂隙上侵，是萤石矿的成矿母岩。

本次工作在该区 1 000m 以浅共预测 A 级资源量 551 000t,B 级资源量 665 180t,C 级资源量 229 580t,萤石矿资源潜力较大,产能预测见表 6-14。

表 6-14 白音锡勒牧场-水头萤石矿资源开发基地产能预测表

预测区编号	预测区名称	1 000m 以浅产能(t)	资源量级别
A1522216001	白音锡勒牧场	167 520	334-1
A1522216002	水头	176 270	334-1
A1522216003	1858 高地西	110 880	334-2
A1522216004	三楞子山村	83 940	334-2
A1522216005	大营子村北	12 390	334-2
A 级区总计		551 000	
B1522216001	老房子西	45 550	334-3
B1522216002	海流特大牛圈	79 590	334-3
B1522216003	巴彦布拉格嘎查北	85 190	334-3
B1522216004	沙胡同南	25 720	334-3
B1522216005	白音昆地东	48 670	334-3
B1522216006	1542 高地东	12 080	334-3
B1522216007	白音昌沟门	31 280	334-3
B1522216008	1532 高地东	46 030	334-3
B1522216009	1938 高地	15 500	334-3
B1522216010	1762 高地东	50 010	334-3

续表 6-14

预测区编号	预测区名称	1 000m 以浅产能(t)	资源量级别
B1522216011	1855 高地西	10 180	334-3
B1522216012	1480 高地北	22 040	334-3
B1522216013	两间房村	78 610	334-3
B1522216014	三楞子山村东	14 700	334-3
B1522216015	1130 高地东	31 430	334-3
B1522216016	马鞍山村西	34 720	334-3
B1522216017	白音沙那沟门东	33 880	334-3
B 级区总计		665 180	
C1522216001	毛牛棚	9 430	334-3
C1522216002	古特勒哈沙图东	8 330	334-3
C1522216003	白房子北	8 100	334-3
C1522216004	1213 高地南	8 940	334-3
C1522216005	1273 高地	10 200	334-3
C1522216006	1500 高地西	49 310	334-3
C1522216007	1449 高地	11 100	334-3
C1522216008	1641 高地东	10 550	334-3
C1522216009	1751 高地北	2 890	334-3
C1522216010	1816 北	7 530	334-3
C1522216011	1697 高地	38 040	334-3
C1522216012	1776 高地南	6 960	334-3
C1522216013	努其宫村南	8 340	334-3
C1522216014	1057 高地北	5 130	334-3
C1522216015	1465 高地西	3 780	334-3
C1522216016	1057 高地南	6 040	334-3
C1522216017	繁荣乡西南	2 510	334-3
C1522216018	1027 高地西南	5 630	334-3
C1522216019	1027 高地东南	2 300	334-3
C1522216020	葱根沟沟外	3 240	334-3
C1522216021	905 高地北	7 270	334-3
C1522216022	呀马吐南	4 510	334-3
C1522216023	671 高地西	6 770	334-3
C1522216024	671 高地东	2 680	334-3
C 级区总计		229 580	

第七章　结　论

一、主要成果

（1）在系统收集、综合分析整理已有萤石矿地质勘查成果的基础上，选择有代表性的苏莫查干沉积改造型萤石矿、东七一山热液充填型萤石矿、苏达勒热液充填型萤石矿等6个矿床作为典型矿床，进行深入研究。编制了1∶2 000～1∶5 000不同比例尺典型矿床的成矿要素图、成矿模式图、预测要素图、预测模型图。总结了典型矿床成矿要素及预测要素。

（2）在充分研究不同预测工作区区域成矿规律的基础上，分别编制了预测工作区成矿要素图、成矿模式图、预测要素图、预测模型图，总结了预测工作区成矿要素及预测要素，并按各要素在成矿方面、预测方面的作用大小划分了必要的、重要的和次要的要素。

（3）本次工作共划分出17个萤石矿预测工作区，圈定了282个最小预测区，其中A级最小预测区45个，B级最小预测区84个，C级最小预测区153个。预测资源总量为6 637.23×10^4t（不包括伴生型萤石矿）。

（4）在内蒙古自治区Ⅳ级成矿区带的基础上，对17个预测工作区进行了萤石矿种Ⅴ级成矿区带（矿集区）划分，为全区萤石矿勘查工作提供了找矿靶区。

（5）根据本次预测工作成果，初步提出了内蒙古自治区萤石矿勘查工作部署建议，划分了全区萤石矿开发基地并进行了产能预测。

二、质量评述

（1）本次萤石矿预测是按照"全国矿产资源潜力评价技术总要求、数据模型"和"重要化工矿产资源潜力评价技术要求"开展各项工作。在全面收集、综合研究大量萤石矿勘查资料的基础上，充分运用计算机技术，提高了工作效率。所提交的各项成果资料均进行了自检、互检和项目组抽检。各类图件质量基本符合技术要求，满足了预测工作需要。

（2）萤石矿预测资源量估算是根据全国矿产资源潜力评价项目办公室文件"项目办发〔2010〕21号"之附件：预测资源量估算技术要求（2010年补充）以及2010年12月11日下发的《脉状矿床预测资源量估算方法的意见》来进行，根据各典型矿床及预测工作区资料的实际情况，应用地质体积法以及脉体含矿率类比法进行萤石单矿种的资源量估算。模型区、最小预测区圈定，各项估算参数的确定方法和依据均按技术要求执行，预测结果具有较高的可信度。

三、存在问题

（1）现有萤石矿勘查资料形成于不同时期，工作质量差别很大，地层划分方案不统一，使资料应用难度加大。特别是已有资料的单一性与本次预测工作要求资料的多专业综合性的矛盾，成为本次预测工作中需要克服的最大难题。

（2）以往地质工作中，缺乏与萤石矿有关的大中比例尺物探、化探等综合信息资料，给预测工作带来难以克服的困难。结果造成预测方法单一、预测成果缺乏综合信息验证。

主要参考文献

许东青,聂凤军,江思宏,等.内蒙古苏莫查干地区燕山期过铝质花岗岩研究[J].岩石矿物学杂志,2008,27(2):89-100.

聂凤军,许东青,江思宏,等.内蒙古苏莫查干敖包萤石矿区流纹岩锆石SHRIMP定年及地质意义[J].地质学报,2009,83(4):496-504.

许东青,聂凤军,刘妍,等.内蒙古敖包吐萤石矿床的Sr、Nd、Pb同位素地球化学特征[J].矿床地质,2008(5):543-558.

聂凤军,许东青,江思宏,等.内蒙古苏莫查干敖包特大型萤石矿床地质特征及成因[J].矿床地质,2008,27(1):1-13.

主要内部资料

甘肃地质局第四地质队.甘肃省额济纳旗七一山萤石矿区普查评价报告[R].1975.

甘肃地质局第四地质队.甘肃省额济纳旗神螺山玉石山萤石矿点初步普查报告[R].1971.

华北冶金地质勘探公司511队.内蒙古自治区达尔罕茂明安联合旗黑沙图萤石矿地质评价报告[R].1971.

吉林地质局白城地区综合地质大队.吉林省科右前旗协林萤石矿区普查评价报告[R].1972.

辽宁地质局第二地质大队.辽宁省林西水头萤石矿普查评价报告[R].1977.

内蒙古赤峰金源矿业开发有限责任公司.内蒙古自治区额尔古纳市昆库力萤石矿详查地质报告[R].1990.

内蒙古地矿局102地质队.内蒙古自治区四子王旗北敖包吐矿区萤石矿详细普查及外围萤石矿普查地质报告[R].1988.

内蒙古地矿局102地质队.内蒙古自治区四子王旗苏莫查干敖包矿区萤石矿初步勘探地质报告[R].1987.

内蒙古地矿局103地质队.内蒙古自治区二连白音脑包萤石矿普[R].1960.

内蒙古地矿局108地质队.内蒙古自治区阿拉善左旗恩格勒萤石矿东矿床详细普查地质报告[R].1987.

内蒙古地矿局115地质队.内蒙古自治区科尔沁右翼前旗六合屯萤石矿带中段详查地质报告[R].1989.

内蒙古地矿局115地质队.内蒙古自治区扎鲁特旗富裕屯萤石矿详查地质报告[R].1989.

内蒙古地矿局116地质队.内蒙古自治区鄂伦春自治旗哈达汗萤石矿普查地质报告[R].1986.

内蒙古地矿局116地质队.内蒙古自治区牙克石市牧原镇旺石山萤石矿详查地质报告[R].1991.

内蒙古地矿局第二区调队.内蒙古自治区敖汉旗大甸子乡陈道沟萤石矿详查地质报告[R].1992.

内蒙古地矿局第二区调队.内蒙古自治区巴林右旗巴彦塔拉苏木苏达勒萤石矿详查地质报告[R].1989.

内蒙古地矿局第三地质队.内蒙古喀喇沁旗大西沟萤石矿Ⅱ、Ⅲ号矿体北段和Ⅴ号矿体详查报告[R].1989.

内蒙古地矿局第三地质队.内蒙古自治区敖汉旗丰收乡白杖子萤石矿详细普查地质报告[R].1990.

内蒙古地质局 101 地质队. 内蒙古镶黄旗石匠山萤石矿区普查评价及 1 号脉勘探报告[R]. 1974.

内蒙古地质局 103 地质队. 内蒙古商都县玻璃忽境公社杨家沟萤石矿普查报告[R]. 1971.

内蒙古地质局 105 地质队. 内蒙古巴盟中后旗库伦敖包-巴彦珠尔和萤石矿普查评价报告[R]. 1975.

内蒙古地质局 106 地质队. 内蒙古自治区陈巴尔虎旗东方红萤石矿详细普查地质报告[R]. 1981.

内蒙古地质局 108 地质队. 内蒙古自治区阿拉善右旗哈布达哈拉萤石矿普查地质报告[R]. 1984.

内蒙古地质局 109 地质队. 内蒙古自治区锡林浩特市跃进萤石矿初步普查地质报告[R]. 1984.

内蒙古地质局 111 地质队. 内蒙古化德县达盖滩萤石矿区详细普查地质报告[R]. 1982.

内蒙古地质局 111 地质队. 内蒙古太仆寺旗东部萤石矿区初步普查评价报告[R]. 1977.

内蒙古地质局 111 地质队. 内蒙古镶黄旗石匠山萤石矿初步普查评价报告[R]. 1972.

内蒙古地质局 207 地质队. 内蒙乌兰察布盟达尔罕茂明安联合旗黑沙图萤石矿区矿点检查报告[R]. 1961.

内蒙古自治区 102 地质队. 内蒙古西里庙-二连萤石成矿带地质特征及成矿规律研究报告[R]. 1992.

内蒙古自治区地质研究队. 内蒙古自治区萤石成矿规律及找矿方向研究报告[R]. 1982.

内蒙古自治区第十地质矿产勘查开发院. 内蒙古自治区阿鲁科尔沁旗乌兰哈达萤石矿普查地质报告[R]. 1999.

内蒙古自治区第十地质矿产勘查开发院. 内蒙古自治区宁城县碾子沟萤石矿普查年度工作报告[R]. 2003.

内蒙古自治区第十地质矿产勘查开发院. 内蒙古自治区宁城县桃海萤石矿 2002 年度普查工作报告[R]. 2003.

内蒙古自治区第五地质矿产勘查开发院. 内蒙古自治区乌拉特中旗刘满壕萤石矿普查报告[R]. 2005.

内蒙古自治区矿业开发总公司. 内蒙古自治区锡林浩特市白音锡勒牧场萤石矿普查地质报告[R]. 1999.

中国冶金地质总局第一地质勘查院. 内蒙古自治区乌拉特中旗巴音哈太矿区萤石矿普查报告[R]. 2007.